BÄREN UND MARDER

Bildnachweis

Dr. Roland Knauer: Seite 52, 104, 109, 113, 118
Sylvie & Robert Bergerot/BIOS/OKAPIA: Seite 232
Alle übrigen Abbildungen von OKAPIA KG, Frankfurt am Main

© KOMET Verlag GmbH
www.komet-verlag.de

Autoren
Kerstin Viering, Dr. Roland Knauer

Gesamtherstellung: KOMET Verlag GmbH, Köln
ISBN 978-3-86941-148-4

Inhalt

Die Ahnengalerie	4
Großbären	**16**
Eisbär	18
Braunbär	24
Amerikanischer Schwarzbär	30
Asiatischer Schwarzbär, Kragenbär	36
Malaienbär	42
Lippenbär	46
Brillenbär, Andenbär	50
Großer Panda	56
Bäriger Schlaf	62
Bärenhunger	68
Gefährliches Klima	72
Bären und Menschen	78
Kleinbären	**120**
Makibären	122
Wickelbär	124
Katzenfrette	128
Waschbären	132
Nasenbären	138
Kleiner Panda	144
Maskierten Räubern auf der Spur	150
Marder	**160**
Marder, Wiesel, Nerze und Iltisse	162
Dachse	211
Otter	224
Marder und Menschen	246
Register	255

Die Ahnengalerie

Ein Speer zwischen den Rippen

Die Speerspitze aus Stein steckt noch zwischen den Wirbelknochen des Höhlenbären, der in der Nähe der Ach in Baden-Württemberg gefunden wurde. Für Michael Hofreiter vom Max-Planck-Institut für evolutionäre Anthropologie in Leipzig scheint der Fall gelöst: „Da hat wohl ein Mensch den Bären erlegt." Wer auch sonst? Vor 27 800 Jahren hantierte außer den Steinzeitjägern schließlich niemand mit Speeren. Ungefähr in dieser Zeit aber muss die Waffe geflogen sein, auch da sind sich die Kollegen von Michael Hofreiter an der Universität in Tübingen und der University of California in Berkeley sicher. „Allerdings sind das die einzigen bisher gefundenen Höhlenbärenknochen mit einer Speerspitze", ergänzt der Leipziger Forscher. Ob der Mensch also die Höhlenbären ausgerottet hat, darüber darf noch ein wenig gerätselt werden.

Sicher ist bisher jedenfalls, dass Höhlenbären vor ungefähr 1,6 Millionen Jahren aus einem gemeinsamen Vorfahren mit den Braunbären entstanden. Seither hielten Eiszeiten die Welt im Griff. In schöner Regelmäßigkeit wurde es zum Teil drastisch kälter. In einer eisigen Landschaft, wie wir sie heute aus der Tundra kennen, lebten in solchen Kälteperioden die Bären der Schwäbischen Alb. „Nur in ihren Höhlen überstanden diese Tiere den harten Winter", erzählt Michael Hofreiter. In den Höhlen am Donau-Nebenfluss Ach in Schwaben finden sich dann auch oft die Knochen vieler Bärengenerationen. Dort wurde auch die Rippe mit der Pfeilspitze entdeckt.

Die Ahnengalerie

Zwischenzeitlich wurde es allerdings immer wieder so warm wie heute, manchmal auch noch wärmer. Den Höhlenbären machten die kräftigen Klimaschwankungen wenig aus, ihre Knochen finden sich in allen Epochen. Jünger als 20 000 Jahre aber ist kein einziger bis heute entdeckter Höhlenbärenknochen. Auch die Spuren von Mammuts und Höhlenhyänen, Wollnashörnern und Höhlenlöwen, Steppenbisons und Riesenhirschen begannen vor 20 000 Jahren zu verschwinden. Vor 6000 Jahren stapften noch die letzten Riesenhirsche durch den Ural, vor 4000 Jahren starben die letzten Mammuts auf einer Insel vor Sibirien. Die Zeit der großen Säugetiere in Europa und Sibirien war zu Ende.

Ein Speer zwischen den Rippen

Altes Erbgut

Klimaschwankungen können kaum daran schuld gewesen sein, die gab es ja schon früher immer wieder. Es muss etwas Neues passiert sein. Neu aber war vor allem der moderne Mensch. *Homo sapiens* erreichte das Tal der Ach in Schwaben vor rund 35 000 Jahren. Was geschah anschließend mit den Bären? Antworten auf diese Frage könnten sich in den vielen Überresten der Tiere verbergen, die in diesem Tal entdeckt wurden. Diese alten Zähne und Knochen bieten Michael Hofreiter und seinen Kollegen die einmalige Chance, das Erbmaterial DNA der Höhlenbären genau unter die Lupe zu nehmen.

Zwei Probleme müssen die Forscher dabei lösen: Zum einen bleiben DNA-Moleküle nicht ewig erhalten, verschiedene chemische Prozesse zerstören sie mit der Zeit. Zum anderen ist das Erbgut der interessanten Arten oft mit DNA von Bakterien und allen möglichen anderen Organismen vermischt. Um Bakterien-DNA und andere Verunreinigungen aussortieren zu können, isolieren die Wissenschaftler auch die DNA von modernen Bären und den nahe verwandten Hunden. Beim Vergleich mit der DNA aus den Fossilien fallen Ähnlichkeiten rasch auf. Diese DNA wird also ebenfalls von Bären stammen. Vergleicht man nun das Erbgut der längst ausgestorbenen Tiere mit dem ihrer modernen Verwandtschaft, kann man die Entwicklung der Bären rekonstruieren.

29 Zähne von Höhlenbären hat Michael Hofreiter untersucht, aus 20 davon konnte er Erbgut isolieren und analysieren. Demnach lebte vermutlich 130 000

Die Ahnengalerie

Jahre lang die gleiche Bärenpopulation im Tal der Ach, trotzte eisigen Zeiten und diversen Hitzeperioden, Dürren, Schneekatastrophen und Hochwasserwellen. Als aber der Mensch ins Tal kam, dauerte es nur noch ein paar Tausend Jahre, dann verschwand vor 28 000 Jahren die früher so stabile Population völlig. Wohl aus benachbarten Tälern wanderten zwar wieder Höhlenbären in die Region, diese hatten aber einen völlig anderen Erbguttyp. Und auch ihnen ging es nicht besser als ihren Vorgängern, 25 500 Jahre ist der jüngste Bärenzahn alt, den Michael Hofreiter untersucht hat.

Bewiesen ist damit natürlich noch immer nicht, dass der Mensch beim Aussterben der Höhlenbären seine Speere im Spiel hatte. Doch die Indizien deuten schon sehr deutlich auf unsere Vorfahren als Übeltäter. Michael Hofreiter hat noch einen weiteren Hinweis: „Steinzeitmenschen und Höhlenbären waren beide zum Überleben stark auf Höhlen angewiesen." In dieser Konkurrenz aber hatte *Homo sapiens* anscheinend die bessere Waffentechnik auf seiner Seite.

Wie Hund und Katz

Auch wenn der letzte Beweis fehlt, deutet vieles doch darauf hin, dass der Höhlenbär genau wie viele andere Raubtiere von Menschen als Konkurrenz gesehen und kräftig verfolgt wurde. Ungewöhnlich sind solche Aversionen gegen Nahrungskonkurrenten nicht, beweisen eben diese Raubtiere, die der Mensch oft bekämpft: Die beiden Stammlinien dieser Ordnung können sich

Die Ahnengalerie

Wie Hund und Katz

auch heute gegenseitig nicht so recht ausstehen, Katzenartige (Feliformia) und Hundeartige (Caniformia) verhalten sich oft wie Hund und Katze zueinander.

Der Urahn dieser Ordnung lebte bereits in der Kreidezeit und wieselte wohl zwischen den Füßen der Dinosaurier herum, ohne den Riesenechsen ernsthaft Konkurrenz machen zu können. Als die Dinos aber vor 65 Millionen Jahren plötzlich verschwanden, war Platz für diese *Cimolestes* genannten Tiere, die gerade einmal die Größe eines heutigen Eichhörnchens erreichten und die vielleicht dem modernen Katzenfrett (siehe Abbildung Seite 10) ähnlich sahen. Diese Tiere schnappten sich anscheinend neben ihrer üblichen Insektennahrung gern auch einmal ein kleines Wirbeltier. Um solche Beute auch gut zerkleinern zu können, waren die Backenzähne an der Seite ein wenig abgeflacht und konnten so wie eine Schere widerstandsfähiges Material – beispielsweise auch Fleisch – zerschneiden.

Mit der Zeit entwickelten sich diese Zähne weiter, bis eine kräftige Brechschere entstanden war, mit der heutige Hyänen sogar starke Knochen knacken.

Diese Brechschere ist für fast alle vierbeinigen Jäger typisch. Schon die ersten echten Raubtiere, die Wissenschaftler Miaciden nennen, hatten ein solches Gebiss. Wie die heutigen Baummarder turnten diese Tiere geschickt durch das Geäst der dichten Wälder. Vor vielleicht 60 oder 55 Millionen Jahren spalteten sich diese Miaciden dann in zwei Stammlinien, deren Mitglieder sich bis heute untereinander spinnefeind sind: Die Katzen- und die Hundeartigen waren entstanden.

Die Ahnengalerie

Die Hundeverwandtschaft

Erst einmal aber gingen sich die beiden Linien aus dem Weg. Die Hundeartigen lebten im heutigen Nordamerika, während die Alte Welt zur Heimat der Katzenartigen wurde. Für viele Millionen Jahre ist über die weitere Entwicklung der Hundeartigen praktisch nichts bekannt. Dann aber bildete sich weit im Süden in der Antarktis ein gigantisches Eisschild, das schließlich das Klima auf der ganzen Welt veränderte und überall die Temperaturen sinken ließ. Vielerorts entstanden jetzt anstelle der bisherigen dichten Wälder offene Lichtungen und weite Savannenlandschaften, deren Grasflächen von Baumgruppen aufgelockert wurden.

Diese neuen Landschafts- und Klimazonen boten auch neue Lebensräume. Genau in dieser Zeit spalteten sich die Hundeartigen in verschiedene Familien auf: Aus dieser Zeit stammen die ersten Hunde, zu denen neben den Wölfen auch Füchse, Kojoten und Schakale gehören. Wohl aus einem gemeinsamen Vorfahren entstanden in dieser Zeit auch die ersten Groß- und Kleinbären. Auch die Marder können ihre Ahnenreihe bis in diese Zeit zurückverfolgen. Vor mindestens 27 Millionen Jahren tauchen dann die ersten Robben auf, die ebenfalls zu den Hundeartigen gehören. Daneben gibt es in dieser Ordnung noch die Skunks und den Kleinen Panda, deren genaue Zuordnung noch heftig umstritten ist. Vieles deutet aber auf eine gewisse Verwandtschaft der Skunks mit den Mardern und des Kleinen Pandas mit den Klein- oder Großbären hin.

Spanische Bären

Wie kompliziert die Verwandtschaftsverhältnisse bei den Bären sind, überrascht Zoologen immer wieder. So gingen Naturschützer lange davon aus, dass auf der Iberischen Halbinsel, in Italien und im Südosten Europas jeweils unterschiedliche Populationen von Braunbären leben. Doch als Cristina Valdiosera von der Universidad Complutense in Madrid im Labor von Michael Hofreiter am Max-Planck-Institut für evolutionäre Anthropologie in Leipzig im Frühjahr 2008 das Erbgut aus den oft etliche Jahrtausende von Jahren alten Knochen von Bären untersuchte, ergab sich ein ganz anderes Bild: Die zotteligen Raubtiere verschiedener Regionen haben sich zumindest früher eifrig untereinander gemischt.

„Vor rund 20 000 Jahren tauchten zum Beispiel italienische Linien unter den Braunbären Spaniens auf", erklärt Michael Hofreiter. Selbst das für Rumänien und Schweden typische Bärenerbgut fanden die Forscher in dem einen oder anderen alten Knochen von der Iberischen Halbinsel und aus Italien.

Heute dagegen findet eine solche Mischung nicht mehr statt, weil Braunbären aus dem Balkan Schwierigkeiten haben, über Autobahnen, Eisenbahnlinien und durch verstädterte Regionen Italien oder sogar die Iberische Halbinsel zu erreichen.

Als solche Hindernisse die Bärenwege noch nicht versperrten, wanderten die Braunbären oft recht weit. Das war auch notwendig, weil die vorrückenden Gletscher verschiedener Eiszeiten die zotteligen Raubtiere aus dem Europa

Die Ahnengalerie

Spanische Bären

nördlich der Alpen mehr als einmal vertrieben. Als die Gletscher sich danach wieder zurückzogen, konnten die Bären aus Spanien, Italien und dem Südosten Europas dann ihre alte Heimat zurückerobern.

Die Situation änderte sich erst, als der moderne Mensch auf den Plan trat, schließt Michael Hofreiter aus dem Bärenerbgut. In verschiedenen Knochen aus einer Region sollte es umso vielfältiger sein, je mehr Bären dort in der jeweiligen Zeit gelebt haben. Aus der Vielfalt des Erbguts können die Wissenschaftler daher ausrechnen, dass auf dem Höhepunkt der Eiszeit vor mehr als 20 000 Jahren mehr als 100 000 Braunbären über die Iberische Halbinsel trotteten.

„Menschen aber haben Bären wohl schon sehr lange gejagt und gefangen", vermutet Michael Hofreiter. Er schließt das zum Beispiel aus einem deformierten Bärenkiefer, der 10 000 Jahre alt ist. „Das Tier wurde mit großer Sicherheit an der Leine gehalten", erklärt der Leipziger Max-Planck-Forscher. Nach einem ersten Rückgang auf vielleicht 25 000 Bären auf der Iberischen Halbinsel beschleunigte die Verbreitung von Feuerwaffen im 16. Jahrhundert den Niedergang der Bärenpopulation weiter. Gab es vor 350 Jahren noch 5000 Braunbären in Spanien, leben heute nach Angaben der Naturschutzstiftung Euronatur nur noch 150 Tiere im Norden der Iberischen Halbinsel. Der Mensch hat seinen Konkurrenten also beinahe ausgerottet.

Großbären

Auch in heutiger Zeit geht die Evolution der Bären noch weiter. So sorgt eine winzige Änderung im Erbgut dafür, dass rund 200 Schwarzbären mit schneeweißem Fell durch die regenreichen Wälder an der Pazifikküste Kanadas streifen. Als Forscher 22 weiße Bären untersuchten, fanden sie ein bestimmtes Eiweiß verändert, das bei rund 200 normalen Schwarzbären unverändert war. Dieses Protein empfängt normalerweise ein Signal, das dann die Bildung von schwarzen und gelben Hautfarbstoffen in Gang setzt. Bei den weißen Bären verhindert die Änderung im Erbgut den Empfang oder die Weitergabe dieses Signals und das Bärenfell bekommt keine Farbe mehr.

Offensichtlich macht das auffällige weiße Fell die betroffenen Tiere für Artgenossen auch weniger attraktiv, braune Bären interessieren sich für ihre weißen Artgenossen kaum. Daher paaren sich meist weiße mit weißen Bären, während die dunklen Tiere sich einen ebenso gefärbten Partner suchen. Auf diese Weise kann langsam eine neue Art entstehen. So ähnlich könnte auch der Eisbär entstanden sein, als sich seine Entwicklungslinie vor wenigen Hunderttausend Jahren vom Braunbären abspaltete. Paaren können sich die beiden Arten auch heute noch, tun das aber in der Natur praktisch nie.

Eisbär

BIOLOGISCHER STECKBRIEF

Wissenschaftlicher Name
Ursus maritimus

Familie
Bären (Ursidae)

Heimat
Hohe Arktis zwischen dem 82. Breitengrad Nord und der südlichen Packeisgrenze

Lebensraum
Eisschollen auf dem Meer, meist in Küstennähe

Größe
Bis 3,2 m Rumpflänge und 1,6 m Schulterhöhe, bis 800 kg schwer, Weibchen sind deutlich kleiner

Nahrung
Robben; im Sommer auch Erdhörnchen, Lemminge, Wühlmäuse und Aas

Noch Mitte des 20. Jahrhunderts konnten Zoologen leicht erklären, was eine Art ist. Gern wurde das Beispiel von Braunbär und Eisbär genannt, die eng miteinander verwandt sind. Der letzte gemeinsame Vorfahre beider Arten lebte wohl erst vor wenigen Hunderttausend Jahren – für Evolutionsbiologen ist das nicht mehr als ein Augenblick. Aber trotzdem haben sich in dieser kurzen Zeitspanne zwei Arten entwickelt, die nichts mehr miteinander zu tun haben wollen und die sich vor allem in der Natur nicht mehr miteinander paaren. Genau das war dann auch die klassische Definition der Art gewesen: Zwei gesunde Tiere verschiedenen Geschlechts gehören dann zu unterschiedlichen

Eisbär

Arten, wenn sie miteinander keine Nachkommen mehr zeugen. Bei Eisbären und Braunbären stimmte diese Definition bis zum 16. April 2006. An diesem Tag aber schoss ein Jäger im Nordwest-Territorium Kanadas einen vermeintlichen Eisbären, dessen Fell aber eher hellbraun war. Als die Behörden der Region das Erbmaterial des Tieres untersuchten, entlarvten sie einen Braunbären und einen Eisbären als Eltern. Das aber galt vorher als ausgeschlossen, weil Eisbären sich immer auf dem Eis paaren und Braunbären das andere Geschlecht ausschließlich auf festem Land interessant finden. Obwohl beide Arten normalerweise extrem aggressiv auf die andere Art reagieren, muss es also zumindest einmal zwischen ihnen gefunkt haben.

Die Unterschiede zwischen beiden Arten resultieren aber meist aus der Anpassung an das Leben im hohen Norden. Um möglichst wenig Wärme zu verlieren, sind Eisbären noch stämmiger als Braunbären und haben nur kleine Ohren und einen sehr kurzen Schwanz. Die äußeren Fellhaare sind innen hohl. Dieses Luftpolster isoliert zusätzlich. Dazu kommt noch eine fünf bis zehn Zentimeter dicke Speckschicht direkt unter der Haut, die kaum Wärme nach außen oder Kälte nach drinnen lässt. Zusammen isolieren Speck und hohle Fellhaare so gut, dass Eisbären anders als fast alle anderen Säugetiere mit Infrarot-Aufnahmen praktisch nicht entdeckt werden können. Außerdem geben Speck und innen hohle Haare im Wasser so viel Auftrieb, dass Eisbären hervorragende Schwimmer sind.

Eisbär

Leben im Eis

Die breiten Vorderpfoten wirken im Wasser wie Paddel und verfügen über Schwimmhäute wie bei Enten und Gänsen. Wenn es darauf ankommt, erreichen Eisbären beim oft stundenlangen Schwimmen im Eiswasser Geschwindigkeiten bis zu zehn Kilometer in der Stunde. Damit hängen sie den menschlichen Weltrekordhalter im Freistilschwimmen locker ab, der es auf der 50-Meter-Bahn nicht einmal auf acht Stundenkilometer bringt.

Bis auf die Nasenspitze und die Fußsohlen bedeckt das isolierende Fell alle Körperregionen. Nur dort kann man erkennen, dass der Bär mit dem gelblich weißen Fell eine tiefschwarze Haut hat, die auftreffendes Sonnenlicht optimal

aufnimmt. Nur so kommt er mit den tiefen Temperaturen seiner Heimat zwischen dem 82. Breitengrad Nord und der Grenze des Packeises im Süden zurecht – durchschnittlich minus 30 °C misst das Thermometer dort im Winter.

Winterschlaf halten die Tiere trotzdem kaum. Trächtige Weibchen graben sich aller-

Eisbär

dings eine Höhle in den Schnee, um dort ihre mit gerade einmal 600 Gramm Körpergewicht nur etwa rattengroßen Jungen zu gebären. In den ersten Lebensmonaten ist der Nachwuchs völlig hilflos, die Mutter zehrt in der Zeit von ihren Fettreserven. Zehn Kilogramm wiegen die Jungen, wenn sie mit ihrer Mutter zum ersten Mal die Höhle verlassen.

Eisbär

Jetzt beginnt das Lernen fürs Leben, die Mutter bringt ihrem Nachwuchs bei, wie man Ringelrobben – die Leibspeise der Eisbären – am besten erwischt. Entweder man lauert ruhig am Loch, an dem eine Robbe über kurz oder lang zum Atmen auftauchen muss. Oder man erschnuppert mit der feinen Nase die Robben, die sich in den meterhohen Schnee auf dem Packeis gegraben haben. An Land dagegen erwischt der Eisbär nur selten Beute, sein Lebensraum ist das Packeis.

Braunbär

BIOLOGISCHER STECKBRIEF

Wissenschaftlicher Name
Ursus arctos

Familie
Bären (Ursidae)

Heimat
Nordamerika, Asien, Europa

Lebensraum
Wälder, Grasland, Wüsten

Größe
Bis 2,8 m Rumpflänge und 1,5 m Schulterhöhe, bis 550 kg schwer, Weibchen sind deutlich kleiner

Nahrung
Beeren, Obst, Baumfrüchte, Gras, Kräuter, Fische, Insekten, Aas, selten erbeutete Tiere wie Elchkälber

Mit dem Wort „Bär" ist in Europa praktisch immer der Braunbär *Ursus arctos* gemeint, weil er die einzige auf dem europäischen Festland heimische Großbärenart ist. Der Name dieser Art führt allerdings in die Irre: Viele Braunbären haben zwar tatsächlich ein braunes Fell, es gibt aber auch semmelblonde, graue oder fuchsrote Braunbären. In Wüstengegenden sind schließlich hellblonde Tiere viel besser getarnt, in Regionen mit vielen Felsen oder in sehr dichten Wäldern schützt die graue Farbe viel besser davor, entdeckt zu werden. In den amerikanischen Rocky Mountains tarnt ein weißgrau gesprenkeltes Fell die meisten Braunbären besonders gut. Nach dem englischen Wort für „gräulich" werden diese Braunbären normalerweise „Grizzly"

Braunbär

genannt. Dieser Name hat sich inzwischen so weit durchgesetzt, dass oft sogar sämtliche nordamerikanischen Braunbären als Grizzlys bezeichnet werden. Auch wenn mancher besonders helle Braunbär bei einem flüchtigen Blick als Eisbär durchgehen könnte, unterscheiden sich die beiden sehr nah verwandten Arten doch vor allem in Ernährungsfragen gravierend. Während Eisbären fast ausschließlich Fleisch und Fett fressen, hält es der Braunbär beim Speiseplan ähnlich wie der Mensch: Er ist ein sogenannter Nahrungsopportunist, der vor

Braunbär

allem das frisst, was gerade gut erreichbar ist. Und genau wie beim Menschen ist das im Normalfall überwiegend vegetarische Kost, wobei der genau Anteil je nach Gegend erheblich schwankt. Aber das ist beim Menschen ja ähnlich, nomadisierende Viehzüchter oder Fischer essen auch erheblich mehr tierische Produkte als Gemüsebauern.

Die Opportunisten

Da der Bär keine Vorräte hortet, frisst er normalerweise das, was gerade im Angebot ist. Im Frühjahr durchstreift er die Lawinenhänge im Gebirge nach Tierkadavern, die von den Schneemassen mitgerissen und getötet wurden. Da sie keine sehr geschickten Jäger sind, verzichten viele Braunbären in Mittel- und Südeuropa zumindest auf das Reißen von schwieriger Beute. Können sie allerdings Nutztiere leicht erwischen, nehmen sie dieses Angebot gern an. Auch Ameisen und Bienen, vor allem aber Honig gelten als Bärenleckerbissen.

Braunbär

Ansonsten aber ist Hunger im Frühjahr ein häufiger Begleiter der Bären, die dann auch Wurzeln kauen, an den ersten Grashalmen knabbern und diverse Kräuter zwischen den Zähnen zermahlen. Anders als bei Eisbären sind die Zahnkronen der Backenzähne beim Braunbären nämlich breit und eignen sich daher gut zum Zermahlen von Pflanzenfasern.

Braunbär

Im Sommer sieht es mit der Ernährung dann viel besser aus, jetzt reifen süße Beeren, mit denen der Bär sich den Bauch vollstopfen kann. Und im Herbst frisst er sich seinen Winterspeck mit allen möglichen Früchten von Eicheln und Bucheckern über Äpfel und Birnen bis zu Kastanien und Haselnüssen an. Dann erreichen die Tiere auch ihr größtes Gewicht und können sich gut genährt zur Winterruhe in eine Höhle zurückziehen.

Braunbär

Vor allem die weiblichen Bären benötigen ein gutes Fettpolster, weil sie mitten in der Winterruhe normalerweise in jedem zweiten Jahr zwischen Ende Januar und Anfang Februar ein bis vier Jungen werfen. Die gerade ein Pfund schweren Bärenbabys werden von einem Pelz warm gehalten, der so fein ist, dass die Tiere auf den ersten Blick nackt erscheinen. Solange die Mutter sich nicht aus der Höhle bewegt, saugen die Kleinen eine extrem nährstoffreiche Milch mit bis zu 17 Prozent Proteinen und bis zu 20 Prozent Fett. Während der Nachwuchs schnell wächst, magert die Bärin in vergleichbarem Tempo ab. Im Frühjahr tapst sie dann mit den Kleinen aus der Höhle und bringt ihnen in der warmen Jahreszeit bei, wo man Fallwild findet, wie man an leckeren Honig kommt und welche Nahrung sonst noch interessant ist. Einen großen Teil dieses in der Jugend erlernten Verhaltens behalten die Bären dann ihr ganzes 25 bis 40 Jahre langes Leben bei. Hat die Mutter ihrem Nachwuchs beigebracht, wie man in Mülltonnen am Rand einer Großstadt Süßigkeiten findet, suchen auch die erwachsen gewordenen Tiere gern im Abfall nach Leckereien. Hält sich die Mutter dagegen von Menschen und Gebäuden völlig fern, führt auch der Nachwuchs ein Leben im Verborgenen.

Amerikanischer Schwarzbär

BIOLOGISCHER STECKBRIEF

Wissenschaftlicher Name
Ursus americanus

Familie
Bären (Ursidae)

Heimat
Nordamerika, Mexiko

Lebensraum
Wälder, in Gegenden ohne Grizzlybären auch Grasland

Größe
Bis 1,8 m Rumpflänge und 90 cm Schulterhöhe, bis 400 kg schwer, im Durchschnitt aber 100 kg

Nahrung
Beeren, Obst, Baumfrüchte, Gras, Kräuter, Fische, Insekten, Aas, kleine Säugetiere, Vögel

Er ist so etwas wie der kleine Bruder des in Amerika „Grizzly" genannten Braunbärs: Der Amerikanische Schwarzbär ist deutlich kleiner als die Braunbären seiner Heimat, bewohnt aber im

Amerikanischer Schwarzbär

Prinzip den gleichen Lebensraum. Das führt fast zwangsläufig zu heftiger Konkurrenz, die sich in der Lebenserwartung der Schwarzbären deutlich abzeichnet. Wird *Ursus americanus* in Gefangenschaft leicht 30 Jahre alt, tapst kaum ein Bär durch die Natur, der älter als zehn Jahre ist. Die meisten Tiere lassen bei Begegnungen mit Menschen ihr Leben und werden entweder von Jägern erschossen oder von Autos überfahren. Die Jagd ist nach wie vor nicht nur beliebt, sondern auch lukrativ, weil sich das Bärenfell teuer verkaufen lässt. Daraus werden schließlich die Bärenfellmützen gemacht, die kanadische, britische und einige andere europäische Garderegimenter noch heute tragen.

Neben Gewehrkugeln und Autokarosserien aber sind vor allem die nahe verwandten Grizzlys die wichtigste

Amerikanischer Schwarzbär

Todesursache bei Schwarzbären. Treffen Braunbären auf Schwarzbären, greifen sie häufig an. Dabei ziehen die erheblich kleineren Schwarzbären meist den Kürzeren und bleiben auf der Strecke. Trotzdem zählen ihre Bestände zu den stabilsten aller acht Großbärenarten. Insgesamt dürften gut 800 000 Schwarzbären die Jahrtausendwende erlebt haben.

Genau wie bei ihrem großen Feind, dem Braunbären, taugt auch bei den Schwarzbären der Name nur bedingt zur Beschreibung der Fellfarbe. Zwar sind die meisten Tiere dieser Art tatsächlich schwarz. Vor allem in südlicheren Gefilden aber leben die Schwarzbären häufig auch in offenem Gelände, in dem ein bräunliches Fell die bessere Tarnung verspricht. In der Prärie aber kommen die Schwarzbären normalerweise nur dort vor, wo der Mensch den Grizzly vorher massiv dezimiert oder ausgerottet hat. An der kanadischen Westküste leben in der Provinz British Columbia die Kermodebären. Diese Schwarzbären strafen ihren Namen mit einem eisbärähnlichen gelblich weißen Fell Lügen. Es gibt etwa 200 dieser Kermodebären, die sich kaum mit ihren dunklen Artgenossen paaren. Die Indianer erzählen die Legende, dass die Götter jedem zehnten Schwarzbären ein weißes Fell geben, mit dem sie an die Zeit erinnern, in der mächtige, weiße Gletscher große Teile Nordamerikas bedeckten.

Der Pate des Teddys
Anders als andere Bären profitieren die Schwarzbären oft auch von Menschen. Zwar werden sie selbst auch gejagt, gleichzeitig aber halten Jäger noch öfter

Amerikanischer Schwarzbär

auf den Grizzly an, der einer der ärgsten Feinde der Schwarzbären ist. Deren Population ging zwar im inzwischen dicht besiedelten Osten und Süden der USA kräftig zurück. Gleichzeitig aber eroberten Schwarzbären in vielen anderen Regionen die Gebiete neu, in denen Menschen vorher den Grizzly ausgerottet hatten.

Anders als der viel größere Grizzly gilt der Schwarzbär auch bei unverhofften Begegnungen als ungefährlicher für den Menschen. Nur Schwarzbärenmütter mit Jungen können wie alle Bärenmütter recht aggressiv werden. In manchen Nationalparks aber haben Schwarzbären gelernt, bei Zelten und an Autos von

Amerikanischer Schwarzbär

Besuchern Nahrung zu erbetteln, oft werden sie von Menschen auch gefüttert. Einige Tiere werden mit der Zeit so zudringlich, dass es zu Unfällen kommen kann. Diese Bären werden aus Sicherheitsgründen häufig geschossen. Wer Bären füttert, tut den Tieren also mit Sicherheit keinen Gefallen.

Der Schwarzbär stand übrigens auch für die ersten Stoffbären Modell. Als der amerikanische Präsident Theodore Roosevelt sich auf einer Jagd weigerte, ein Schwarzbärbaby zu erschießen, wurden die Stofftiere schließlich auf den Spitznamen des Präsidenten „getauft". „Teddy" nannten nicht nur die Freunde Theodore Roosevelt. Der Teddybär aber machte seinen Weg auch weit jenseits der Grenzen der USA.

Asiatischer Schwarzbär, Kragenbär

Die vierte Art der Großbären in der Gattung *Ursus* unterscheidet sich von den drei Verwandten vor allem in der Lebensweise: Während Braunbär, Eisbär und Amerikanischer Schwarzbär als relativ bodenständig gelten, strebt der Kragenbär nach Höherem und klettert häufig durch die Baumkronen der Wälder im Osten und Süden Asiens. Ähnlich wie Schimpansen in den Regenwäldern Afrikas bauen sich auch Kragenbären in den Baumkronen der asiatischen Wälder aus Zweigen und Ästen in luftiger Höhe ein Schlafnest. Dieses Verhalten ist für Naturschützer sehr praktisch. Denn während sie die Bären selbst im Wald kaum entdecken, können sie einfach ihre Nester zählen, um daraus den Bestand zu schätzen.

Der Asiatische Schwarzbär, wie der Kragenbär auch genannt wird, hat einen triftigen Grund für sein Leben in luftiger Höhe. Über den Boden der asiatischen Wälder schleicht nämlich ein gefährlicher Vertreter der zweiten großen Stammlinie der Raubtiere, der Tiger. Da die Großkatze nicht in die Baumkronen kommt, ist der schlafende Kragenbär dort oben sicher. Allerdings kommt auch der eifrigste Kletterer manchmal auf den Boden.

BIOLOGISCHER STECKBRIEF

Wissenschaftlicher Name
Ursus thibetanus

Familie
Bären (Ursidae)

Heimat
Süden und Osten Asiens bis nach Sibirien

Lebensraum
In den Bäumen vieler Wälder

Größe
Bis 1,9 m Rumpflänge und 1 m Schulterhöhe, bis 200 kg schwer

Nahrung
Knollen, Keimlinge, Aas, Eier, Insekten, Schlangen und vor allem Honig

Asiatischer Schwarzbär, Kragenbär

Bei unverhofften Begegnungen mit einem auf große Säugetiere spezialisierten Tiger hilft dem Kragenbären ein Trick: Eine weiße, v-förmige Fellzeichnung auf der Brust und sehr lange Haare am Hals lassen den Schwarzbären erheblich größer scheinen, als er tatsächlich ist. Diese Täuschung wirkt besonders überzeugend, wenn der Kragenbär sich plötzlich auf die Hinterbeine aufrichtet. Das schlägt so manchen Tiger in die Flucht, weil dieser unbekannten Risiken möglichst aus dem Weg geht. Die langen Haare am Hals haben dem Kragenbären dann auch zu seinem Namen verholfen.

Asiatischer Schwarzbär, Kragenbär

Abgesehen von seinem weißen „V" auf der Brust sind Kragenbären tiefschwarz und haben damit eine gute Tarnfarbe für die dichten Wälder. In den Baumkronen findet der Kragenbär auch einen guten Teil seiner Nahrung, die wie bei Bären häufig überwiegend pflanzlich ist. Früchte und Keimlinge schmecken ihn besonders, Eier und Jungvögel sind gern verschlungene Spezialitäten, aber auch Schlangen, Frösche und Insekten stehen auf dem Speiseplan. Eine besondere Vorliebe aber hat der Kragenbär für Bienen oder genauer für deren Honig.

Asiatischer Schwarzbär, Kragenbär

Ein Opfer seiner Galle

Obwohl man die Nester der Kragenbären relativ einfach zählen kann, gibt es nur sehr vage Angaben darüber, wie viele Tiere im Fernen Osten noch durch die Wälder streifen. Die Tendenz ist jedenfalls abnehmend, weil die Wälder, in denen der Kragenbär lebt, zunehmend abgeholzt werden. Noch mehr als dieser Lebensraumverlust aber macht dem Kragenbären die traditionelle Medizin Asiens zu schaffen. Die nennt nämlich die Gallenflüssigkeit des Schwarzbären

Asiatischer Schwarzbär, Kragenbär

als zuverlässiges Mittel gegen Magen- und Darmbeschwerden sowie gegen Kopfschmerzen. Vor allem aber schreibt man der bitteren Flüssigkeit eine kräftige potenzsteigernde Wirkung zu. Daher bringt eine Gallenblase dem Wilderer auf dem Schwarzmarkt gut 250 US-Dollar, das Schießen von Kragenbären ist daher sehr lukrativ.

Als Tribut an die traditionelle asiatische Medizin leben auch mehr als 10 000 Kragenbären in extrem engen Käfigen, in denen sie sich kaum bewegen können. Über einen Katheter wird den Tieren jeden Tag rund 100 Milliliter Gallenflüssigkeit entnommen, die viel Geld bringt. Die meisten Bären überstehen diese Tortur nicht lange und sterben an Bewegungsmangel oder an Leberkrebs, der durch das dauernde Abzapfen der Gallenflüssigkeit ausgelöst wird. Manche Kragenbären aber vegetieren mehr als 20 Jahre in diesen engen Käfigen vor sich hin.

Malaienbär

„Sonnenbär" wird der Malaienbär oft genannt, weil er auf der Brust eine weiße bis orangerote Zeichnung hat, die sich bis zum Hals ausdehnen kann. Lange Krallen vor allem an den Vordertatzen erleichtern das Klettern auf Bäume ungemein, in denen er sich auch die meiste Zeit aufhält. Da aber die Früchte in den Tieflandregenwäldern, in

BIOLOGISCHER STECKBRIEF

Wissenschaftlicher Name
Helarctos malayanus

Familie
Bären (Ursidae)

Heimat
Indien, Südostasien

Lebensraum
Tropische Regenwälder

Größe
Bis 1,4 m Rumpflänge und 70 cm Schulterhöhe, bis 65 kg schwer

Nahrung
Allesfresser mit einer Vorliebe für Honig

denen der Malaienbär zu Hause ist, in verschiedenen Gegenden zu unterschiedlichen Zeiten reifen, wandern die Tiere auch weite Strecken über den Regenwaldboden, um an die süßen Köstlichkeiten zu kommen. Meist sind sie nachts unterwegs, tagsüber schlafen sie in Baumnestern. Genau wie

Malaienbär

Kragenbären bauen sich Malaienbären ihr Bett in bis zu sieben Meter Höhe über dem Waldboden aus abgebrochenen oder zurechtgebogenen Ästen und polstern die Unterlage mit kleineren Zweigen. Nachts werden die Malaienbären dann aktiv und suchen sich vor allem Früchte. Aber auch Wurzeln, Palmensprösslinge, Vogeleier und Insekten stehen auf ihrer Speisekarte. Mit ihren kräftigen Krallen reißen die Malaienbären Bienen- und Termitennester auf und holen Larven, Insekten und Honig mit ihrer 25 Zentimeter langen Zunge heraus. Man könnte diesen Feinschmecker daher auch „Honigbär" nennen – aber diese Bezeichnung trifft auf andere Bärenarten ähnlich gut zu, weil die meisten sich nach dem nährstoffreichen Bienenprodukt die Lippen lecken.

Über die Verwandtschaftsverhältnisse des Malaienbären sind die Zoologen sich nicht so recht einig. Manche Wissenschaftler stecken ihn die Gattung *Ursus* und damit in die Nähe der Braunbären, Eisbären und der beiden Schwarzbären. Die meisten Forscher aber vermuten, dass der Malaienbär der einzige Vertreter einer ganz anderen Gat-

Malaienbär

tung der Großbären ist, die *Helarctos* genannt wird. Andere Arten gibt es in dieser Gattung allerdings nicht.

Heimatlose Bären

Wie viele Malaienbären noch durch die Regenwälder zwischen dem Osten Indiens und Südostasiens sowie der indonesischen Inseln Sumatra und Borneo streifen, ist völlig unklar. Zu schwer lassen sich die scheuen Bären zählen. Obendrein hat es wohl nie sehr viele von ihnen gegeben, weil die Früchte ihrer Lebensräume nicht viele Bären ernähren können. Sicher aber ist, dass die Zahl der Malaienbären abnimmt, weil überall die Regenwälder abgeholzt werden, in denen sie leben. Oft entstehen auf den Kahlschlägen Ölpalmenplantagen. Auch dort tauchen

Malaienbär

Malaienbären manchmal auf und knabbern an den Schösslingen der Palmen. Die wenig begeisterten Plantagenbesitzer lassen diese durch die Abholzung der Wälder heimatlos gewordenen Bären oft abschießen. Das ist zwar illegal, wird aber meist geduldet, weil die Jäger ohnehin erklären, „in Notwehr" gehandelt zu haben. Zwar wissen auch die Behörden, dass Malaienbären Menschen wann immer es möglich ist aus dem Weg gehen. Manchmal aber verteidigt doch eine Bärin ihre Jungen und dann hätte es zu einer Notwehrsituation kommen können. Um sich Arbeit zu sparen, ignoriert man so einen illegalen Abschuss dann doch lieber gleich.

Aber auch in den verbliebenen Regenwäldern werden Malaienbären gewildert, um ihre Gallenblase als Heilmittel in der traditionellen asiatischen Medizin zu verkaufen. Wurde dabei ein Bärin mit Jungen erwischt, lassen sich die kleinen Bären meist leicht fangen und auf den Märkten Südostasiens als beliebte, aber seltene Haustiere verkaufen. Das ist zwar ebenfalls illegal, wird aber meist genauso wenig verfolgt wie die „Notwehrabschüsse" in Palmölplantagen.

Lippenbär

Die langen und gut beweglichen Lippen haben *Melursus ursinus* zu seinem deutschen Namen verholfen. Weil die beiden mittleren Schneidezähne im Oberkiefer fehlen und die Lippen davor nach vorn ausgefahren werden können, kann das Tier hervorragend Nahrung aufsaugen. Genau das tut der Lippenbär dann auch für sein Leben gern. Mit den langen Krallen an den Vorderfüßen gräbt er geschickt Termiten- und Ameisennester auf und bläst erst einmal den Staub weg. Dann steckt er die Lippen in das Loch und saugt ähnlich wie ein Staubsauger die Insekten samt Brut einfach auf. Übrig gebliebene Reste leckt er mit seiner langen Zunge auf. Vor allem in der Regenzeit aber wandern die Lippenbären auch in die Wälder, klettern dort auf Bäume und suchen im Geäst nach Früchten und Blüten.

Wie alle anderen Großbären sind auch Lippenbären typische Einzelgänger. Zwischen Mai und Juli aber finden sich die Geschlechter zu Paaren zusammen, die einige Tage beieinander bleiben. In dieser Zeit geht es häufig und vor allem ziemlich lautstark zur Sache. Ein halbes Jahr später wirft die Bärin dann in einer Höhle ein oder zwei Jungen, die wie bei allen Bären winzig klein und blind zur Welt kommen. Schon nach vier oder fünf Wochen aber brechen Mutter und

BIOLOGISCHER STECKBRIEF

Wissenschaftlicher Name
Melursus ursinus

Familie
Bären (Ursidae)

Heimat
Indischer Subkontinent

Lebensraum
Grasland, Wälder

Größe
Bis 1,9 m Rumpflänge und 90 cm Schulterhöhe, bis 145 kg schwer

Nahrung
Säugetiere, Vögel und Allesfresser mit einer Vorliebe für Termiten

Lippenbär

Kinder wieder auf, gern reiten die kleinen Bären dabei auf dem Rücken der Bärin. Bis sie ausgewachsen sind, bringt die Mutter ihnen bei, wie man am besten an leckere Termiten oder an feinen Honig kommt, wo die süßesten Früchte wachsen und wie man dem gefährlichen Tiger aus dem Weg geht.

Gefährliche Begegnungen

Auch Menschen versuchen Lippenbären zu meiden. Allerdings klappt das oft nicht so recht, weil sie weder gut sehen noch gut hören und daher häufig Menschen erst im letzten Moment entdecken. Erschrocken führen sie dann erst einmal einen Scheinangriff aus, um den Eindringling zu vertreiben.

Aus diesem Grund gelten die eigentlich scheuen Tiere als aggressiv. Weil ihr Lebensraum zunehmend verschwindet, da die Menschen immer mehr Wälder abholzen und Grasland in Weiden und Äcker verwandeln, suchen sich die Bären häufig auch in den Plantagen Nahrung. Dabei verwüsten sie natürlich einiges, was sie bei den Besitzern nicht unbedingt beliebt macht. Da ist oft schnell ein Gewehr zur Hand, auch wenn der Abschuss verboten ist. Auf den ehemaligen Wiesen planieren ebenso Traktoren die Termitenbauten ein und rauben den Lippenbären so ihre wichtigste Nahrungsquelle. Wie andere Bären werden auch die Lippenbären häufig gewildert, weil ihre Gallenflüssigkeit in der traditionellen asiatischen Medizin sehr beliebt ist. In den 1970er-Jahren wurden so jedes Jahr aus Indien allein nach Japan jedes Jahr die Teile von 1500 Lippenbären exportiert. Im 21. Jahrhundert wären solche Quoten allerdings

Lippenbär

kaum noch möglich, weil nach Untersuchungen der Naturschutzorganisation WWF weltweit nur noch 10 000 bis höchstens 20 000 Lippenbären in der Natur leben.

Auffällig für ein Tier in tropischen Regionen mit hohen Temperaturen ist das lange, zottelige Fell der Lippenbaren. Genau wie beim Eisbären in der Arktis isoliert auch in den Tropen ein solches Fell hervorragend und hält dann eben die Hitze vom Körperinneren ab. Meist sind die Haare tief schwarz, oft mischen sich graue oder braune Haare dazwischen. Ähnlich wie der Kragenbär hat auch der Lippenbär auf der Brust eine weiße oder gelbe Fellzeichnung in Form eines „V" oder eines „Y".

Genau wie beim Malaienbären streiten die Wissenschaftler auch beim Lippenbären um die genauen Verwandtschaftsverhältnisse: Manche stecken ihn zu den meisten anderen Großbären in die Gattung *Ursus*. Viele plädieren aber dafür, dass der Lippenbär die einzige Art in einer eigenen Gattung namens *Melursus* ist.

Brillenbär, Andenbär

BIOLOGISCHER STECKBRIEF

Wissenschaftlicher Name
Tremarctos ornatus

Familie
Bären (Ursidae)

Heimat
Anden Südamerikas und angrenzende Gebiete

Lebensraum
Wälder, Buschland, Grasland, auch in der Wüste

Größe
Bis 2 m Rumpflänge und 90 cm Schulterhöhe, bis 175 kg schwer

Nahrung
Säugetiere, Vögel und Pflanzen, gern Bromelien, zusätzlich vier Prozent Kleintiere

Während die Zoologen bei einigen anderen Großbärenarten noch streiten, ob sie nicht alle in die Gattung *Ursus* gehören, ist die Situation beim Brillenbären eindeutig: Er ist der einzige Bär Südamerikas und der einzige überlebende Kurzschnauzenbär. Kurzschnauzenbären wiederum waren eine ganze Unterfamilie der Großbären, die früher in Nord- und Südamerika zu Hause waren. Ihnen gegenüber steht die Unterfamilie der Ursinae, zu denen Eis-, Braun-, Schwarz-, Kragen-, Malaien- und Lippenbär gehören. Von den verschiedenen Gattungen der Kurzschnauzenbären ist heute nur noch eine übrig, die Wissenschaftler als *Tremarctos* bezeichnen. Und die hat nur noch einen einzigen lebenden Vertreter, den Brillen- oder Andenbären.

Brillenbär, Andenbär

Der Name Brillenbär kommt von der weißen bis gelblichen Zeichnung, die sich vom Nasenrücken oft um die Augen herum über das Kinn bis zur Brust erstreckt. Auch wenn diese Zeichnung auf ansonsten schwarzem oder dunkel-rotbraunem Fell häufig einer Brille ähnelt, ist sie doch bei jedem Individuum anders und bildet anscheinend ein deutliches Erkennungsmerkmal. Der andere Name dieser Art, nämlich Andenbär, beschreibt exakt den Lebensraum: Brillenbären leben in den Anden und zwar besonders gern in den feuchten Regenwäldern, die sich im Osten dieses langen, zweithöchsten Gebirges der Welt zu den Tiefländern wie dem Amazonasbecken hinunterziehen.

Gras- und Wüstenbär

Häufig findet man den Andenbären aber auch in den Páramo genannten Hochflä-

Brillenbär, Andenbär

chen der Anden, die in 3200 bis 4800 Meter über dem Meeresspiegel über der Baumgrenze liegen. Weil es dort jedoch relativ feucht ist, sind die Páramos in Venezuela, Kolumbien, Ecuador und dem Norden Perus mit saftigem Gras bedeckt, aus dem übermannshohe Korbblütler, Bromelien und Stauden aufragen. Bromelien und Gräser aber gehören zu den Leibgerichten des Brillenbären, daher fühlt es sich dort auch bis in 4800 Meter über dem Meeresspiegel wohl.

Auch bis zur Küstenwüste Perus wagen Brillenbären sich hinunter, verbringen dort aber die wärmere Mittagszeit gern mit einer Siesta. In den anderen Gebieten aber sind Andenbären sowohl am Tag als auch in der Nacht aktiv. Ihre kräftigen Kaumuskeln und die Zähne

Brillenbär, Andenbär

eignen sich hervorragend, um auch zähe und faserige Pflanzen zu zerkleinern. Entsprechend besteht ihr Speiseplan zu 96 Prozent aus vegetarischen Gerichten. Seine allenfalls vier Prozent tierische Proteine deckt der Brillenbär mit diversen Kleintieren von Insekten über Vögel bis zu kleinen Säugetieren. Auffallend sind die Vorderbeine des Andenbären, die deutlich länger als die Hinterbeine sind. Zusammen mit den langen Krallen machen sie diesen Bären zu einem exzellenten Baumkletterer. Nur so kommt er im Bergregenwald an seine geliebten Bromelien heran, die dort auf Ästen und an Stämmen wachsen.

Regenwald zu Viehweiden

Sein Lebensraum wird allerdings langsam knapp, beklagt aber die Naturschutzorganisation WWF. Auch in den Anden leben immer mehr Menschen, die Bergregenwälder abholzen, um dort ihre Viehweiden, Äcker und manchmal auch Cocafelder anzulegen. Verschwindet sein Lebensraum, tapst der Brillenbär dann häufiger in die von Menschen beanspruchten Gebiete. Dort sucht er weniger leichte Beute auf den Weiden, sondern eher leckere vegetarische Kost. Aber auch ihren Mais teilen die Bergbauern der Anden nur ungern mit Bären. Haben die Tiere Glück, werden sie mit Schüssen vertrieben, haben sie Pech, sterben sie im Kugelhagel.

Wie viele Brillenbären heute noch in den Anden leben, weiß niemand so genau. 1999 hat der WWF den Bestand noch auf 18 000 Tiere geschätzt, die Tendenz war aber deutlich fallend. Obendrein verteilen sich diese Brillenbären auf einer

Brillenbär, Andenbär

Fläche von 260 000 Quadratkilometer, was ungefähr der Größe der alten Bundesrepublik Deutschland vor der Wiedervereinigung entspricht, auf mindestens 110 verschiedene Teilflächen, die voneinander weitgehend isoliert sind. In allen Ländern Südamerikas ist die Jagd auf Andenbären daher verboten, vermeintliche oder tatsächliche Notwehr aber ist eine häufige Todesursache des Bären, der in der Natur eine Lebenserwartung von vielleicht 20 Jahren hat.

Brillenbär, Andenbär

Großer Panda

Er ist vermutlich der bekannteste aller Bären, weil der Pandabär bereits seit den 1960er-Jahren zunächst als Wappentier für die Naturschutzorganisation WWF warb und später oft als Symboltier für den Naturschutz allgemein stand. Beim Großen Panda, wie Wissenschaftler ihn korrekt nennen, passen aber auch alle Eigenschaften hervorragend für ein Symboltier.

Gelten Bären allgemein als Sympathieträger, ist der Panda das noch viel stärker als alle anderen Großbärenarten, weil er als einziger reiner Vegetarier ist. Während alle anderen Bären im schlichten braunen, schwarzen oder weißen Pelz mit allenfalls kleineren Zeichnungen im Gesicht und auf der Brust durch die Welt tapsen, ist der Panda sehr auffällig schwarz und weiß gefärbt und hat obendrein am sonst weißen Kopf zwei tiefschwarze Ohren und zwei schwarze Augenringe. Das Gesicht wirkt von vorn noch rundlicher als bei anderen Bären und erinnert daher noch stärker an ein rundes Babygesicht, das bei praktisch allen Menschen Schutzinstinkte auslöst.

Seltener Bär

Diesen Schutz kann der Große Panda auch brauchen, weil sein Lebensraum

---

BIOLOGISCHER STECKBRIEF

Wissenschaftlicher Name
Ailuropoda melanoleuca

Familie
Bären (Ursidae)

Heimat
Subtropische Gebirge im Herzen Chinas

Lebensraum
Subtropische Bergwälder

Größe
Bis 1,5 m Rumpflänge, bis 160 kg schwer

Nahrung
Etwa 30 kg Bambus pro Bär und Tag

Großer Panda

bereits fast verschwunden ist. Ursprünglich lebte dieser schwarz-weiße Bär im gesamten Osten Chinas und in Myanmar. Weil sein auffälliges Fell sehr beliebt war, galten Pandas als beliebte Jagdbeute. Gleichzeitig holzte die wachsende Bevölkerung der Region zunehmend die lichten Bergwälder ab, in denen Pandas ihre wichtigste Nahrung, den Bambus fanden. Auch der Fang vieler Pandas für Zoos dezimierte ihre Bestände so stark, dass 1939 China den Panda unter strengen Schutz stellte. Die Strafen für Wilderei und Pelzhandel sind

auch heute noch drakonisch und reichen bis zur Todesstrafe.

Ihr Lebensraum und damit auch die Zahl der Pandas aber nahm weiter ab. Die letzten Rückzugsgebiete des Pandas zersplitterten in drei kleine Gebiete, die untereinander isoliert waren. Erst als die chinesische Regierung 1998 die letzten Verbreitungsgebiete in den Provinzen Sichuan, Gansu und Shanxi ebenfalls unter Schutz stellte, wurde der Rückgang gestoppt. Seit dem Jahr 2006 wurde sogar damit begonnen, einige Gebiete wieder aufzuforsten und damit den

Großer Panda

Panda-Lebensraum zu vergrößern Als der WWF den Bestand im Jahr 2002 gemeinsam mit den chinesischen Behörden zählte, wurden immerhin rund 1600 Pandas entdeckt – der Panda scheint doch noch eine reelle Überlebenschance zu haben.

Knifflige Familienverhältnisse

Seine Verwandtschaftsverhältnisse aber waren lange unklar. Zu den Großbären schien der Panda nicht zu gehören, weil alle Großbären auch Fleisch zu sich nehmen. Der Pandabär dagegen isst bis auf wenige Raupen, die auf seiner Hauptnahrung Bambus leben und die er wohl eher zufällig mit ins Maul steckt, streng vegetarisch. Allenfalls Enzian, Schwertlilien, Krokusse und Bocksdorn ergänzen die Bambuskost. Nur manche  Zootiere schlürfen zusätzlich noch gern Hühnersuppe. Zu dieser Ernährung passen auch die Backenzähne, die deutlich größer und breiter sind als bei anderen Bären und mit denen sich Bambus hervorragend zermahlen lässt.

Großer Panda

Um den Bambus besser packen zu können, ist der Handwurzelknochen der Vorderpfote verlängert und erinnert an einen Daumen. Eine weitere Spezialität des Pandas sind seine Tischmanieren: Pandas sitzen beim Essen, was einem Braunbären nie einfallen würde. Trotz dieser vielen Unterschiede aber gehört der Große Panda eindeutig zu den Großbären, wie ein genauer Blick ins Erbgut zeigt: Seine Vorfahren trennten sich zwar bereits vor 15 Millionen Jahren von den anderen Großbären ab. Kleinbären jedoch gehen bereits seit 30 bis 35 Millionen Jahren eigene Wege und kommen daher als nähere Verwandtschaft für den Großen Panda nicht infrage. Genau wie der Brillenbär aber ist auch der Große Panda der einzige Vertreter einer ganzen Unterfamilie, den sogenannten Ailuropodinae.

Bäriger Schlaf

Um Zeiten mit knapper Nahrung zu überstehen, legen Menschen sich Vorräte an. Viele Bären handeln genauso, deponieren diese Vorräte aber in Form von Winterspeck im eigenen Körper. Im Herbst fressen sie daher im Überschuss, um anschließend wohlgenährt einzudösen. Und das nicht nur für Stunden, sondern oft für Monate, bis sie eben wieder genug zu fressen finden.

Den längsten Winterschlaf halten die Schwarzbären im Norden Kanadas, bis zu sieben Monate im Jahr dämmern sie dem nächsten Frühling entgegen.

Doch auch Braunbären, Kragenbären und Eisbären halten eine lange Winterruhe. Zwar senken sie ihre Körpertemperatur dabei nicht so stark ab wie überwinternde Igel oder Murmeltiere. Doch auch ihr Stoffwechsel läuft in dieser Zeit auf Sparflamme. Ihr Herz schlägt langsamer, sie holen seltener Atem und scheiden weder Kot noch Urin aus. Wenn sie nicht gestört werden, können die Tiere durchaus einen Monat lang bewegungslos in ihrer Höhle liegen. Zwischendurch wachen sie ab und zu auf, bevor sie erneut im Dämmerschlaf versinken.

Von Bären lernen

Wie aber überstehen Bären eine solche lange Ruhephase? Sind Menschen längere Zeit ans Bett gefesselt, zehrt das an Muskeln und Knochen. Wer fünf Monate im Bett liegt, verliert in dieser Zeit bis zu einem Drittel seiner Knochenmasse und kann wegen seiner schwindenden Muskeln kaum noch laufen.

Bäriger Schlaf

Ein Braunbär dagegen könnte darüber nur den Kopf schütteln. Denn für ihn sind solche monatelangen Phasen ohne große Bewegung reine Routine. Ausgerüstet mit einer dicken Fettschicht als Wintervorrat ziehen sich die großen Raubtiere jedes Jahr im Herbst in eine Höhle zurück, schalten ihren Stoffwechsel auf Sparflamme und dämmern dann in einem gemütlichen Ruhezustand dem Frühling entgegen. Sobald sie aber wach werden, sind sie wieder topfit. Ihren Muskeln macht das fehlende Training offenbar nichts aus. Von Bären, die nach dem Winterschlaf erst ein Aufbautraining machen müssen, ist jedenfalls nichts bekannt.

Von Bären lernen

Das Geheimnis der andauernden Bärenstärke liegt im Blut der Tiere. Spanische Wissenschaftler von der Universität Barcelona haben Braunbären während des Winterschlafs Blut abgenommen. Das so gewonnene Plasma haben sie dann Ratten mit geschädigten Muskeln gespritzt. Und tatsächlich konnte diese Behandlung bei den Nagern den Muskelschwund stoppen. Das im Sommer abgenommene Blut von wachen Bären hatte dagegen keinen solchen Effekt. Die Tiere scheinen also während des Winterschlafs eine Substanz zu produzieren, die den Abbau von Muskeleiweiß hemmt. Vielleicht kann der eines Tages auch helfen, den menschlichen Muskelschwund zu stoppen.
Auch gegen den Abbau von Knochen kennen die zottigen Schläfer vielleicht eine Kur. Denn statt Knochen zu zersetzen, bauen Bären in ihrer langen Ruhephase sogar neues Skelettmaterial auf. Offenbar produzieren die Tiere spezielle Substanzen, die einerseits knochenabbauende Zellen hemmen und gleichzeitig die Produktion von Knochen und Knorpel ankurbeln. Wenn Wissenschaftler erst verstehen, wie das genau funktioniert, lässt sich vielleicht eine neue Behandlungsmethode für Osteoporose entwickeln. Bei Patienten mit dieser Krankheit sind die Knochen weniger dicht als bei Gesunden, die Substanz und Struktur der Knochen wird in ihrem Körper sehr schnell abgebaut. Das alles führt dazu, dass Betroffene sich sehr leicht Brüche einhandeln. Für diese Patienten könnte das Vorbild der schlafenden Bären zum Hoffnungsschimmer werden.

Bäriger Schlaf

Es wäre schließlich nicht das erste Mal, dass die massigen Raubtiere die Medizin einen Schritt voranbringen. Ein Wirkstoff aus Bärenproduktion wird sogar heute schon eingesetzt. So produzieren Eis- und Schwarzbären in ihren Gallenblasen große Mengen einer Substanz mit dem unaussprechlichen Namen Ursodesoxycholsäure. Diese Verbindung wird inzwischen auch künstlich hergestellt und wird zum Auflösen von Gallensteinen sowie gegen verschiedene Leberkrankheiten verordnet.

Von Bären lernen

In der Hoffnung auf weitere Medikamente aus der Bärenapotheke beschäftigen sich heute Wissenschaftler in aller Welt mit dem Stoffwechsel der großen Raubtiere. Dass man von Bären in Sachen Medizin einiges lernen kann, ist aber wohl gar keine wirklich neue Idee. So nutzen z.B. die Navajo-Indianer in Nordamerika schon seit langem eine karottenähnliche Pflanze namens *Ligusticum porteri*, um Magenschmerzen und Infektionen zu behandeln. Die Legenden dieses Volkes erzählen, dass es einst weise Bären waren, die den Menschen das Wissen über die Heilkräfte dieser Wurzel brachten. Da könnte durchaus etwas dran sein. Denn bis heute haben die Braunbären der Region eine echte Schwäche für das Gewächs. Allerdings wenden sie es nicht innerlich, sondern äußerlich an. Sie zerkauen die Wurzeln, vermischen sie mit Speichel und reiben sich das Ganze dann ins Gesicht. Das vertreibt lästige Insekten.

Bärenhunger

Dünger aus Lachs

Der Fluss scheint zu leben. Unzählige glänzende Körper katapultieren sich aus dem Wasser, kämpfen sich durch Strudel und Stromschnellen. Zu Zigtausenden verlassen die Pazifischen Lachse jedes Jahr das Meer und schwimmen die Flüsse der nordamerikanischen Westküste hinauf. Hunderte von Kilometer sind sie unterwegs, bis sie die Oberläufe erreichen, in denen sie geboren wurden. Dann bleibt ihnen nur noch dreierlei zu tun: sich paaren, Eier legen – und sterben. Nach der Fischhochzeit sind die Flussufer in manchen Regionen Alaskas und Kanadas übersät mit Lachskadavern. Und die sind nicht etwa überflüssiger Biomüll, zeigen ökologische Untersuchungen: Offenbar düngen die verwesenden Körper der erwachsenen Fische den Lebensraum ihres Nachwuchses. Braunbären sorgen allerdings schon vorher dafür, dass dieser Dünger über

Dünger aus Lachs

Bärenhunger

viel größere Flächen verteilt wird als die Lachse mit eigenen Flossen erreichen können. Kommen die Lachse, liegen auch schon unzählige Braunbären auf der Lauer und ziehen die schwimmenden Leckerbissen im Akkord aus dem Wasser. Mit Kot und Urin deponiert jeder der vierbeinigen Fischfans dann die Stickstoffverbindungen aus seiner Mahlzeit auch fernab vom Fluss. Knapp 40 Kilogramm für andere Lebewesen verfügbaren Stickstoff kann ein einziger Bär pro Jahr verbreiten.

Der Magen der Eisbären

Auch Eisbären können einiges verdrücken. In den Magen eines erwachsenen Männchens passen knapp 70 Kilogramm Futter. Immerhin sind die weißen Arktisbewohner ja auch die größten Landraubtiere, die heute auf der Erde leben. So ein 600-Kilogramm-Raubtier jagt auch schon einmal Belugawale und Walrosse. Vor allem aber stehen verschiedene kleinere Robben auf dem Speiseplan.

Gefährliches Klima

Ein Schneesturm peitscht über das Land, während die Eisbärin geborgen in ihrer Schneehöhle liegt. Gerade so groß wie eine Ratte ist ihr Nachwuchs, der ihr tollpatschig über den Pelz krabbelt. Die kleinen Eisbären ahnen wohl kaum, dass sie in ihrem Leben oft hungern werden. Denn erst einmal päppelt ihre Mutter die Winzlinge mit ihrer kräftigen Milch zu zehn Kilogramm wiegenden Wonneproppen, die Ende März zum ersten Mal in das grelle Licht des hohen Nordens tapsen. Dort aber schmilzt der Klimawandel den weißen Bären das Eis unter den Tatzen weg, das für sie genauso wichtig ist wie der Lebensmittelladen für die meisten Menschen der Großstadt. Die Weltnaturschutzorganisa-

Gefährliches Klima

tion IUCN führt den Eisbären daher seit dem Jahr 2006 auf ihrer Roten Liste als „gefährdet". In den ersten fünf Jahren des 21. Jahrhunderts nahmen gleich fünf der insgesamt 19 Eisbärenbestände auf dem Globus kräftig ab, erklären die Naturschützer des World Wide Fund for Nature WWF.

Naturwissenschaftler wissen längst, dass der Klimawandel vor allem die Arktis betrifft. Stiegen die Durchschnittstemperaturen auf dem Globus im 20. Jahrhundert um 0,8 °C, waren es in der Arktis satte 5 °C mehr. Diese 5 °C mehr aber verändern den hohen Norden gravierend. Das Frühjahr kommt in Kanada und Alaska früher, der Herbst beginnt später. Und das Eis auf dem Nordpolarmeer bedeckt laut Statistik immer weniger Fläche.

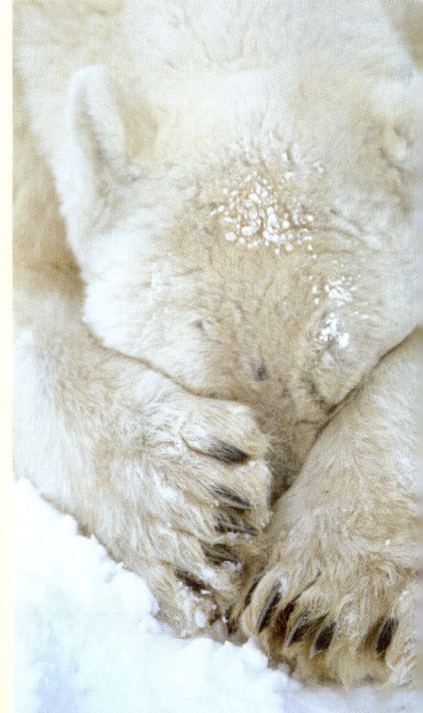

Genau dieser Schwund des Eises aber trifft den Lebensnerv der Eisbären. Stundenlang liegen die Tiere vor Löchern im Packeis und halten sich oft die Tatze vor ihre schwarze Nase, die sonst aus dem Weiß der Arktis kräftig herausstechen würde. Taucht eine Robbe in ihrem Luftloch auf, könnte sie den Bären ohne diesen Trick leichter entdecken. Aber auch mit verdeckter Nase tut der Bär sich schwer: Lauert er zehn Mal am Eisloch auf Robben, zieht er neun Mal mit leerem Magen wieder ab, weil ihm seine Beute doch noch entwischt

Gefährliches Klima

ist. Zweieinhalb Jahre lernen die kleinen Eisbären daher von ihrer Mutter die schwierige Jagd auf Robben, bis sie zum ersten Mal völlig allein auf Beutefang gehen.

Gefährliches Klima

Allein in den 1980er- und 1990er-Jahren aber ist die Fläche des Packeises in der Arktis um sechs Prozent geschrumpft. Dadurch drängen sich die Eisbären auf immer kleinerer Fläche und die Chancen sinken, ihre wichtigste Nahrung zu erwischen. Obendrein lässt der Klimawandel im Frühjahr inzwischen statt Schnee immer öfter Regen fallen, der die Schneehöhlen schmilzt, in die Ringelrobben sich mit ihren Jungen zurückziehen. Dadurch sinkt die Zahl dieser Meeressäuger und die vielleicht noch 20 000 Eisbären auf dem Globus müssen noch häufiger mit knurrenden Mägen ausharren.

Schon am Anfang des 21. Jahrhunderts müssen daher vor allem die relativ weit im Süden der Arktis lebenden Eisbären im Sommer eine harte Zeit durchstehen. Der Eisrand zieht sich dann so weit nach Norden zurück, dass sie ihm nicht folgen können. Also müssen sie etwa vier Monate lang auf dem Festland aushalten und sich mit ein paar kleinen Säugetieren oder Vögeln, manchmal auch mit Gras, Moos und Beeren begnügen. Oder mit Müll aus den Siedlungen. Ansonsten wird gefastet.

Diese Hungerperioden aber werden immer länger, zeigen etliche Studien von Eisbärenspezialisten der Weltnaturschutzunion IUCN. Eine gut erforschte Population lebt zum Beispiel in der Nähe der kanadischen Kleinstadt Churchill an der Südwestküste der Hudson Bay. Dort aber bricht das Eis am Anfang des 21. Jahrhunderts im Frühjahr drei Wochen früher auf als noch 30 Jahre vorher. Die Tiere haben also deutlich weniger Zeit, um sich für die sommerliche Fastenzeit ausreichend Fettvorräte anzufressen. Vor allem Eisbärenmütter und

Gefährliches Klima

Gefährliches Klima

Jungtiere leiden unter dem knappen Nahrungsangebot, ihre Überlebenschancen sinken. Da überrascht es kaum, dass der Bestand in der westlichen Hudson Bay in den 1980er- und 1990er-Jahren um fast ein Viertel zurückgegangen ist. Weniger als 1000 Tiere soll es dort noch geben. „Bei dieser Population sehen wir die Auswirkungen des Klimawandels schon ganz deutlich", sagt Andrew Derocher von der University of Alberta im kanadischen Edmonton. Von den derzeit noch 20 000 Eisbären dürften seiner Einschätzung nach im ersten Drittel des 21. Jahrhunderts 30 Prozent verschwinden.

Der Klimawandel aber geht weiter. Schon um 2040 oder 2050 könnte das Nordpolarmeer im Sommer immer wieder einmal weitgehend eisfrei sein, haben Klimaforscher ausgerechnet. Eisbären sind dank ihrer großen Tatzen zwar hervorragende Schwimmer. Trotzdem aber haben sie im Wasser nicht die geringste Chance, eine Robbe zu erbeuten. Ohne Eis müssen die Eisbären daher verhungern.

Bären und Menschen

Pfeffer gegen Bären

Noch aber gibt es im Norden nicht nur viele Eisbären, sondern sogar noch mehr Braunbären. Und die werden manchmal dem Menschen gegenüber recht aufdringlich. Pfefferspray hilft in solchen Fällen erheblich besser als ein Gewehr, zeigt Thomas Smith von der Brigham Young University im US-Bundesstaat Utah. Der Wildbiologe hatte alle unerwarteten Begegnungen zwischen Bären und Menschen in 20 Jahren am Ende des 20. und Anfang des 21. Jahrhunderts in Alaska untersucht. Da dort 150 000 Bären durch die Wälder streifen, sind solche Zusammentreffen häufig. Während sich Gewehrträger nur in 67 Prozent aller Fälle erfolgreich verteidigten, weil sie oft gar nicht schnell genug auf einen angreifenden Bär gezielt schießen konnten, waren die nur mit Pfefferspray bewaffneten Touristen und Wissenschaftler viel erfolgreicher.

In 92 Prozent aller Fälle konnten sie den Bären vertreiben, weil Pfefferspray eben auch wirkt, wenn man nicht so genau zielt. Bei 71 solchen Zwischenfällen wurden nur drei der Menschen verletzt, die sich mit Pfefferspray zur Wehr setzten, kein einziger davon musste ins Krankenhaus. Der beste Schutz gegen Bären ist aber grundsätzlich ein vorsichtiges Verhalten. Thomas Smith jedenfalls musste sich in 16 Jahren Bärenforschung kein einziges Mal gegen Bären wehren.

Die Rückkehr der Braunbären

Während in Alaska, Kanada und im Nordwesten der Vereinigten Staaten von Amerika noch reichlich Braunbären durch die Wälder streifen, sieht es bei der gleichen Art in Europa ganz anders aus. Ein Blick auf eine Landkarte der Umweltstiftung Euronatur in der deutschen Kleinstadt Radolfzell am Bodensee zeigt, wie dünn besiedelt die Alte Welt im Hinblick auf Braunbären ist. Im Osten leben in den Karpaten zwar einige Tausend Exemplare dieser Art, in Russland und Sibirien gibt es ebenfalls sehr viele Bären. Durch Finnland trotten wohl noch 500 Braunbären, in Schweden gibt es weitere 1000, während Norwegen kaum 30 Bären zählt. In den Pyrenäen, in der spanischen Provinz Asturien und in den italienischen Abruzzen unweit von Rom gibt es zusammen vielleicht noch einmal 200 Braunbären. Besser sieht es dagegen auf dem Balkan für den Bären aus. Allein in Kroatien und Slowenien leben 800 bis 1000 Bären.

Bären und Menschen

Dort begann vermutlich 1966 oder 1967 auch die Geschichte eines Braunbären, der als „Ötscherbär" berühmt werden sollte. Hinter einer von der langen Winterruhe ziemlich abgemagerten Bärin musterten damals die neugierigen Augen von zwei oder drei erst im Januar geborenen Jungbären die Karstberge an der Grenze zwischen Slowenien und Kroatien. Eineinhalb Jahre lang folgten die Jungen ihrer Mutter auf Schritt und Tritt. In dieser Zeit lernten sie, welche Leckereien sich in der Natur verbergen und welche Gefahren dort lauern. Schließlich kann ein junger Bär ja noch nicht wissen, dass durchaus wehrhafte Bienen ihren leckeren Honig verteidigen. Und wo man im Herbst die besten Beeren findet, um sich Tag für Tag ein Pfund Winterspeck anzufressen, lernt man auch am schnellsten von der Mutter. Die Jagd auf Tiere steht übrigens viel seltener auf dem Lehrplan, als viele Menschen annehmen. Schließlich besteht weit mehr als drei Viertel der Bärennahrung aus Pflanzenkost.

Die Rückkehr der Braunbären

Nach 18 Monaten aber machte die Bärin ihren inzwischen recht stattlichen Jungen klar, dass der Lehrplan durch war und sie ab sofort auf eigenen Tatzen zu stehen hatten. Das ist im Süden Sloweniens an der kroatischen Grenze aber gar nicht so einfach, weil sich dort sehr viele Bären tummeln. Bevor er mit anderen Tieren um deren Revier streitet, macht sich da der eine oder andere Jungbär lieber auf den Weg, um zu erkunden, ob es in der Fremde nicht bessere Reviere gibt.

Einer dieser jugendlichen Weitwanderer schaffte es 1972 bis 150 Kilometer vor Wien. Dort hatte 1966 ein Jahrhundert-Föhnsturm in den Nördlichen Kalkalpen in der Nähe des Ötscherbergs 2500 Hektar Wald umgemäht, auf den

Bären und Menschen

Kahlflächen standen die Himbeeren voll im Saft. Außerdem gab es in der Gegend noch viel Wald, wenig Menschen und etliche Häuschen, aus denen Honigduft drang. Diesem schmackhaften Angebot konnte der Ötscherbär nicht widerstehen, seit 1842 blieb zum ersten Mal wieder ein Bär im Herzen Österreichs. Tatzenspuren und so manches demolierte Bienenhäuschen, aber auch der Einbruch in das eine oder andere Waldarbeiterdepot und der Mundraub des schmackhaften Rapsöls für die Kettensägen verrieten den Bären rasch. Ansonsten aber lebte er 17 Jahre lang zurückgezogen und unauffällig am Ötscher. Und die Menschen lernten, mit dem Neuankömmling zu leben: Elektrozäune unterbanden den Mundraub aus Bienenhäusern, Futter und Rapsöl werden inzwischen außer Reichweite der Bärentatzen gelagert.
Die Medien aber begannen, sich um das sexuelle Seelenheil des Ötscherbären zu sorgen, weil ihm kein Weibchen aus Slowenien gefolgt war. Die Naturschützer des WWF in Österreich dachten in die gleiche Richtung und sahen die letzten Vermehrungschancen für den alternden Ötscherbären

Die Rückkehr der Braunbären

schwinden. Im damaligen Jugoslawien fing man eine junge Bärin und setzte sie in der Nähe des älteren Herrn wieder aus. Der Ötscherbär fackelte nicht lange und im darauffolgenden Winter brachte die Bärin drei meerschweinchengroße Jungen zur Welt. Zwei Jahre später folgte der zweite Wurf, inzwischen waren zwei weitere Bären in der Nähe ausgesetzt worden.

Bären und Menschen

Honig und Fisch für den Bären

Aus eigenem Wanderdrang und mit Nachhilfe der Naturschützer des WWF sind die Bären also im Herzen Österreichs wieder heimisch geworden. Manchmal aber bedienen sich die großen Raubtiere auch in der Landwirtschaft. Der Bär Djuro hat zum Beispiel 1994 und 2004 in Österreich jeweils ein Jungrind mit 300 bis 400 Kilogramm Gewicht von einer Alm erbeutet. In Kärnten holen sich die

Honig und Fisch für den Bären

Bären ab und zu auch einmal ein Schaf. Besonders scharf aber sind sie auf Honig, rund ein Viertel der Bärenschäden in Österreich betreffen demolierte Bienenhäuser.

Auffallend häufig sind in der Alpenrepublik auch die sogenannten „Rapsölschäden": Waldarbeiter schmieren mit dieser Substanz die Ketten ihrer Motorsägen – und Bären entwickeln einen wahren Heißhunger auf das Öl. Um an einen Kanister mit Rapsöl heranzukommen, brechen sie in Traktoren und Waldhütten ein, schrecken auch nicht davor zurück, dort gelagerte Kettensägen auseinanderzunehmen.

Auch Fischfutter lieben die Bären heiß und innig, die Fische selbst sind ihnen dagegen zu flink. Bär Nurmi kam Anfang der 1990er-Jahre allerdings auf die

Bären und Menschen

Idee, den Abfluss der Fischteiche zu öffnen. Die auf dem Trockenen zappelnden Fische waren ein gefundenes Fressen. Bedienen sich die österreichischen Bären zu oft bei den Bauern und verlieren ihre Scheu vor Menschen, brennen ihnen die WWF-Spezialisten mit lautem Knallen eine Ladung Gummigeschosse auf den Pelz. In Zukunft macht der erschrockene Bär dann meist einen möglichst großen Bogen um alles, was nach Mensch riecht. Hilft dieses Vergrämen wenig, werden Problembären als allerletzte Maßnahme gefangen oder sogar geschossen. Bisher griffen die Österreicher aber nur im Jahr 1994 zweimal zum Bärentöter.

Reißt ein Bär trotz aller Vorsichtsmaßnahmen doch ein Schaf oder demoliert ein Rapsöldepot, deckt eine Versicherung der Jäger die Kosten. Die Prämien für diese Versicherung fallen nicht allzu hoch aus. Durchschnittlich 7000 Euro Schäden pro Jahr richtet die gesamte österreichische Bärenpopulation an, die in ihrer Glanzzeit um 1998 auf immerhin rund 25 Tiere angewachsen war.

Anrüchige Vaterschaftstests

Wissenschaftler interessieren sich natürlich brennend für die Familienverhältnisse in diesem kleinen Bestand. Von welchen Männchen stammt der Nachwuchs der österreichischen Bären ab? Das lässt sich am besten mit einem genetischen Vaterschaftstest herausfinden. Solche Vaterschaftstests aber sind eine anrüchige Geschichte. Denn dazu benötigt man erst einmal die Erbsubstanz DNA der Tiere. An die aber kommt man kaum heran, weil die nach

Anrüchige Vaterschaftstests

Österreich zurückgekehrten Bären im Normalfall noch erheblich scheuer als nicht zahlungswillige menschliche Väter sind.

Jörg Rauer vom Forschungsinstitut für Wildtierkunde der Veterinärmedizinischen Universität Wien überzeugt die Tiere daher mit einem Trick vom Abgeben einer DNA-Probe: Zunächst einmal mischt er Fischreste und Blut in einem

Bären und Menschen

Kanister, den er anschließend zwei Wochen in der Sonne stehen lässt. Dann sind Freiwillige gefragt, die ihre Kleidung opfern. Denn die Mischung stinkt so infernalisch, dass dieser Geruch nie mehr aus Hemd und Hose herausgeht. Auf Braunbären aber wirkt das Ganze anscheinend wie eine Mischung aus dem Duft frisch gebackenen Brotes und einem dezenten Parfüm: Sie finden den penetranten Geruch sehr attraktiv und erschnuppern ihn bereits aus großer Entfernung.

Bevor die Bären sich aber das vermeintliche Aas in den Magen schlagen können, müssen sie noch auf dem Bauch unter einem Stacheldrahtzaun durchrob-

Anrüchige Vaterschaftstests

ben, der am Boden einen Durchschlupf von rund 60 Zentimeter Höhe lässt. Dabei aber bleiben meist ein paar Haarbüschel am Stacheldraht hängen, auf die es die Artenschützer abgesehen haben. Aus ihnen ermitteln die Mitarbeiter des Naturhistorischen Museums in Wien ähnlich wie aus dem Speichel eines Tatverdächtigen oder eines potenziellen Vaters einen genetischen Fingerabdruck.

Anhand eines bei allen Braunbären gleichen DNA-Abschnitts ermitteln die Forscher zunächst, ob der Gestank wirklich das zottelige Tier angelockt hat und nicht etwa ein Fuchs durch den Zaun geschlüpft ist. Sieben weitere untersuchte DNA-Abschnitte unterscheiden sich dagegen von Bär zu Bär. Aus diesen „Mikrosatelliten" genannten Erbgut-Stückchen erfahren die Forscher nicht nur, ob ein Weibchen oder Männchen unter dem Draht durchgerobbt ist, sondern klären auch die Verwandtschaftsverhältnisse zwischen den Bären.

Bären und Menschen

Da waren es nur noch zwei

Da Braunbären auch in Österreich keinen festen Wohnsitz haben und eher im Verborgenen bleiben, liefern nur solche Spurenanalysen Hinweise auf die tatsächliche Zahl der zotteligen Gestalten. Daher sammelt der als Bärenanwalt von Österreichs Bundesländern angestellte Jörg Rauer seit dem Jahr 2000 regelmäßig Bärenhaare und Bärenkot, die sich nicht nur im Stacheldraht solcher Lockfallen, sondern oft auch in der Nähe von Rehfütterungen finden, an denen sich Meister Petz gern den Bauch vollschlägt. Seit die Forscher in Wien aber einzelne Bären mit einem genetischen Fingerabdruck identifizieren können, verschwinden fast jedes Jahr einige Tiere aus erst einmal unbekannten Gründen. Meister Petz trottet anscheinend seinem zweiten Aussterben entgegen.

Da waren es nur noch zwei

Die Gründe dafür scheinen dieselben wie bei der ersten Ausrottung 1842 zu sein: Geschosse aus Jagdgewehren erlegten damals den letzten österreichischen Bären und bedrohen ihn wohl auch heute noch. Dieser Verdacht dämmerte den Naturschützern spätestens 1998, berichtet der Wildbiologe und Bärenspezialist Felix Knauer von der Universität Freiburg in Deutschland. Damals hatte sich die Bärin Christl zur Spezialistin für Rapsöl-Mundraub entwickelt, kein Kanister in Österreich schien vor ihr sicher. Daher fing man die Bärin ein, rüstete sie mit zwei Radiosendern aus und ließ sie wieder frei. So könnte man das Tier leicht orten und bei jedem Rapsölraub könnten Bärenspezialisten ausrücken und die Bärin mit harmlosen Gummigeschossen erschrecken, dachten sich die Naturschützer. Normalerweise wendet sich ein so vergrämter Bär wieder Himbeeren oder Apfelbäumen zu. Nicht so Christl, die Bärin verschwand spurlos, ihre beiden Radiosender meldeten sich nie mehr und auch die Rapsölplünderungen endeten schlagartig.

Bären und Menschen

Damit war klar, dass Christl gewildert worden war und der Täter die Radiosender vernichtet hatte, um seine Spuren zu verwischen.

Als Reaktion auf diese Wilderei startete der WWF die Bären-Volkszählung mit den genetischen Fingerabdrücken. Die Ergebnisse waren für Artenschützer niederschmetternd: 1999 verschwanden sieben Bären spurlos aus Österreich, 2001 und 2002 tauchten jeweils zwei Bären nie wieder auf, 2003 verschwand die elffache Bärenmutter Mona, ein Jahr später waren drei weitere Bären weg. Auch 2007 mussten zwei Bären auf die Vermisstenliste gesetzt werden.

Zwar verschwinden aus jeder Population immer wieder Tiere, die von Lawinen verschüttet werden oder einfach an Altersschwäche sterben. Aber ein Schwund wie in Österreich liegt weit außerhalb des Normalen, erklärt Felix Knauer: Während in der Alpenrepublik nicht einmal jeder zweite Bär sein zweites Lebensjahr überlebt, überstehen in Schweden 90 bis 95 Prozent diesen Zeitraum. Hätten Österreichs Braunbären dagegen eine ähnliche Überlebensrate wie ihre Artgenossen in Schweden, könnten heute eventuell schon 100 Bären in Österreich leben, kalkuliert Felix Knauer.

2007 machte sich der Wildbiologe auf Spurensuche, um das Verschwinden der Bären aufzuklären. Gerüchte führten ihn zu der Witwe eines Jägers, in deren Wohnzimmer sich tatsächlich ein ausgestopfter Braunbär fand. Zumindest einer der insgesamt 21 in Österreich verschwundenen Bären ist also einer Kugel zum Opfer gefallen. Eine Reihe weiterer Indizien deuten auf Jäger als Ursache für das Verschwinden auch etlicher weiterer Braunbären hin.

Da waren es nur noch zwei

2007 konnte der genetische Fingerabdruck dann nur noch zwei Bären in Österreich nachweisen: Den 19-jährigen Djuro und seinen sieben Jahre alten Sohn Moritz. Eventuell versteckt sich noch das Weibchen Elsa vor den Naturschützern und Jägern, hofft Felix Knauer. Und dann könnte vielleicht noch ein junges Männchen durch die Wälder streifen, dessen Haare die Genetiker noch nicht in die Finger bekommen haben. Für ein Überleben der Bären in Österreich aber ist das viel zu wenig. Wenn nicht bald neue Bären in den Alpen ausgesetzt werden, könnten die zotteligen Tiere dort also zum zweiten Mal aussterben. Vor einer solchen Rettung aber muss die Kriminalpolizei den zweibeinigen Übeltätern das Handwerk legen, die anscheinend etliche der Braunbären auf dem Gewissen haben.

Bären und Menschen

Grüne Brücken

Nachschub vom Balkan ist für das Bärenland in Österreich ebenfalls kaum zu erwarten, weil längst viele Autobahnen den großen Raubtieren den Weg nach Norden verbauen. Für Großraubtiere sollte es Übergänge über solche Verkehrsadern geben, fordern Naturschützer schon lange. „Ein Beispiel ist die Grünbrücke Dedin, die im Norden Kroatiens über die Autobahn zwischen Karlovac und Rijeka führt", sagt Gabriel Schwaderer von der Umweltstiftung Euronatur in Radolfzell am Bodensee.

Seine Organisation beschäftigt sich seit Jahren mit wandernden Großraubtieren in Europa. Entsprechend interessiert waren er und seine Kollegen daran, ob Bären, Wölfe und Luchse das kroatische Bauwerk annehmen würden. Mit Unterstützung von Euronatur ist Djuro Huber von der Universität Zagreb dieser Frage nachgegangen. In 40 Zentimeter Höhe haben seine Mitarbeiter eine Infrarotschranke an der Brücke angebracht, die jede Querung eines größeren Tieres erfasste. Aus der Verteilung der Spuren in einem auf der Brücke angelegten Sandbett haben die Forscher dann auf den Anteil der jeweiligen Arten an diesen Wanderungen geschlossen.

Von 6000 registrierten Brückenüberquerungen pro Jahr gingen demnach etwa 4000 auf das Konto von Rehen und Hirschen, 1200 Mal wurde die Schranke von Wildschweinen ausgelöst. Und immerhin fast 600 Mal waren Bären auf dem Bauwerk unterwegs. Zum Glück für die Wissenschaftler trug einer davon zu Forschungszwecken ein Sendehalsband. „Bei dem konnten wir also direkt

Bären und Menschen

nachweisen, dass er den Überweg immer wieder genutzt hat", sagt Gabriel Schwaderer. Das Beispiel aus Kroatien zeigt, wie wichtig funktionierende Grünbrücken für die Zukunft der europäischen Raubtiere sind.

Bruno in Bayern

Aber auch ohne solche Grünbrücken schafft es manchmal ein Bär, über weite Strecken zu wandern. Das bewies nicht nur der Ötscherbär, der 1972 bis ins Herz Österreichs wanderte, sondern auch Bruno, der 2006 bis nach Bayern kam. Aufgebrochen war der junge Bärenmann im norditalienischen Trentino. Dort hatte der WWF Italien Bären vom Balkan freigelassen, als sich bei den letzten dort lebenden echten Alpenbären jahrelang kein Nachwuchs mehr einstellte.

Bald gab es dort wieder junge Bären in dem „Brenta" genannten Bergstock. Einige von ihnen wanderten bis in die Schweiz. Bruno dagegen machte zunächst im österreichischen Tirol von sich

Bären und Menschen

reden, dann tauchte er im Lechtal auf und erreichte schließlich bei Garmisch-Partenkirchen deutschen Boden. „Das ist ein junges Männchen auf Wanderschaft", erläuterte Wolfgang Schröder, emeritierter Professor für Wildbiologie der Ludwig-Maximilians-Universität (LMU) München. Mit dieser Prognose behielt der renommierte Großraubtierspezialist genauso recht wie mit einer anderen Überlegung, nach der Bruno in Bayern schlechte Karten hätte. Denn der bayerische Neuzugang riss einige Schafe, plünderte Bienenstöcke und brach einen Hühnerstall auf. „Wenn junge Männchen unterwegs sind und sich im Gebiet noch nicht gut auskennen, machen sie oft allen möglichen Unsinn", schmunzelte Wolfgang Schröder. Doch genau dieser Unsinn kostete Bruno das Leben.

„Problembär" nannte ihn der bayerische Umweltminister bald, fürchtete um das Leben und das Eigentum bayerischer Bürger und gab das Tier zum Abschuss frei. Am 26. Juni 2006 wurde der erste Bär, der nach mehr als 170 Jahren wieder seine Tatzen auf deutschen Boden gesetzt hatte, am frühen Morgen in der Nähe des bayerischen Spitzingsees von einem Jäger erschossen. Mit einem Liter Blut in der Lunge starb Bruno, ergab die Obduktion. Seit dem Frühjahr 2008 ist der ausgestopfte Bär im Münchener Schloss Nymphenburg ausgestellt.

Honig für den Bären

In Spanien geht es den Bären da schon erheblich besser. Der steilen Obstwiese im engen Proazino-Tal Nordspaniens sieht man so gar nicht an, dass sie eine kleine Revolution im Naturschutz darstellt. In schnurgeraden Linien pflanzen Jugendliche der deutschen Stiftung Euronatur dort kleine Kirschbäume. Für den herrlichen Blick über die Berglandschaft der Provinz Asturien lässt die schweißtreibende Arbeit kaum Zeit.

Natürlich pflegen auch in anderen Ländern Naturschützer Obstwiesen, um dieses selten gewordene Ökosystem aus Menschenhand zu retten. Hier in Spanien aber hat der Präsident der Naturschutzorganisation FAPAS (Fondo Asturiana para la Protección de los Animales Salvajes) Roberto Hartasánchez ein erheblich größeres Ökosystem im Sinn, wenn er allein im lang gestreckten Valle de Trubia 5000 Kirschbäume pflanzen lässt. „Frutos para el oso" hat der drahtige Mann als Devise ausgegeben, „Früchte für den Bären". Der FAPAS-Präsident will mit den Kirschen also Bären füttern. Und von denen gibt es im Valle de Trubia und im hochgelegenen Nebental Valle de Proazino noch einige. Einheimische und längst auch so mancher Tourist sprechen daher häufig vom „Valle del Oso", dem Bärental.

Eigentlich sollte sich der wichtigste Unterstützer der FAPAS, Gabriel Schwaderer von der Stiftung Euronatur in Radolfzell am Bodensee also freuen, wenn die Menschen sich aus dem Kantabrischen Gebirge mehr und mehr zurückziehen. Während zum Beispiel im Somiedo-Tal 1930 noch 10 000

Honig für den Bären

Menschen lebten, waren es im Jahr 2001 noch 1800 Einwohner und viele Felder im Talgrund liegen längst brach. Die Faustformel „Mehr Natur heißt mehr Raum für den Bären" greift im Kantabrischen Gebirge aber viel zu kurz: Einst haben die Menschen in Asturien nämlich viele Wälder gerodet, in denen die Bären im Herbst leckere Eicheln finden.

Ein klein wenig ist der Bär dadurch zum Kulturfolger geworden. Ende Mai plündern die Tiere zum Beispiel gern die Kirschbäume der Bauern, weil sie in dieser Zeit sonst wenig Nahrhaftes finden. Die Bären hält in dieser Zeit der Sexualtrieb zusätzlich von der eigentlich notwendigen Suche nach Fressbarem ab. Und etliche Bärinnen müssen ihre im Winter geborenen gefräßigen Jungen versorgen und benötigen daher besonders viel

Bären und Menschen

Nahrung. Wenn aber viele Spanier vom Land in die Stadt ziehen, werden zumindest an den Steilhängen keine neuen Kirschbäume mehr gepflanzt, sobald die alten unter der Last der Jahre zusammenbrechen – und die Bären beginnen zu hungern. Also springen Euronatur und FAPAS in die Bresche. Gemeinsam bauen die beiden Naturschutzorganisationen inzwischen auch zwei Hektar Mais an. Gibt es im Herbst wenig Esskastanien und Eicheln, holen die Bären 80 Prozent des für sie gepflanzten Maises, freut sich Roberto Hartasánchez.

Honig für den Bären

Die wegbrechende Nahrungsgrundlage macht den allenfalls noch 90 Bären im Kantabrischen Gebirge an der spanischen Nordküste schwer zu schaffen. Im Herbst munden den Tieren zum Beispiel die Eicheln und Esskastanien in den ausgedehnten Wäldern an den Berghängen hervorragend. Aber die Landflucht verringert indirekt auch die Zahl der Eichen- und Kastanienbäume. Denn wenn die jungen Menschen die Täler verlassen, können deren Eltern allein die Felder, Obstgärten und Wälder nicht mehr bewirtschaften. Um trotzdem noch ein wenig Geld zu verdienen, verkaufen die Zurückgebliebenen dann häufig die mittlerweile für sie uninteressanten Bäume an Holzfäller – und der Bär verliert eine weitere Möglichkeit, sich Winterspeck anzufressen.

Da es zu lange dauert, bis neu gepflanzte Eichen und Esskastanien wieder eine reiche Ernte liefern, sichern FAPAS und Euronatur den Eichel- und

Bären und Menschen

Maroni-Nachschub für die Bären mit einem anderen Trick: Sie überbieten einfach die Holzfäller. Wenn die Bauern sich verpflichten, die Kastanienbäume weitere 45 Jahre und die Eichen noch einmal 80 Jahre stehen zu lassen, bezahlen die Naturschützer einige Prozent mehr als die Holzfäller für die Fällerlaubnis. Die Bauern verdienen so ein wenig mehr, behalten ihre Bäume und vererben sie an ihre Kinder weiter.

Wenn die Nahrungssituation besonders kritisch ist, geht der Bär einige Risiken ein, um an besonders energiereiche Nahrung zu kommen: Er plündert Bienen-

Honig für den Bären

häuser und riskiert dabei natürlich etliche Stiche. Da auch die Imker und damit die Bienenstöcke im Kantabrischen Gebirge immer seltener werden, greifen die Naturschützer von FAPAS erneut zu Ersatzmethoden: Sie pachten längst aufgegebene Gebirgshütten und Häuser in schwer zugänglichen Obstgärten und stellen dort Bienenstöcke auf. Diese konstruieren sie obendrein so, dass der Bär sie plündern kann, ohne das Gehäuse zu zerstören. Schließlich wollen die FAPAS-Mitglieder nicht jedes Jahr neue Gehäuse für das Projekt „Honig für die Bären" schreinern.

Inzwischen fangen die FAPAS-Mitarbeiter auch wildernde Hunde, um den Bären im Kantabrischen Gebirge zu helfen. Die Schäfer der Alpwiesen legen nämlich mit Strychnin vergiftete Köder aus, um solche wildernde Hunde auszuschalten. Aber auch die Bären riechen keinen Unterschied zwischen einem Stück Fleisch mit und ohne Strychnin – im Jahr 2000 wurden allein im Valle de Trubia zwei vergiftete Bären gefunden.

Euronatur und FAPAS haben daher ein Projekt gestartet, das die Anzahl wildernder Hunde drastisch reduzieren soll. Die Naturschützer rüsten die Hirten mit Betäubungsgewehren aus, mit denen diese die tierischen Wilderer jagen. Die gefangenen Hunde werden erst einmal in einen großen Zwinger in den Bergen gebracht. Bilder der Tiere werden in den Zeitungen der Region veröffentlicht. Hat sich der Besitzer innerhalb drei Wochen nicht gemeldet, werden die Hunde entweder in die Hände von Tierliebhabern gegeben oder eingeschläfert. Gleichzeitig informieren Zeitungsberichte die Bevölkerung über die

Bären und Menschen

Zusammenhänge zwischen wildernden Hunden und der Gefährdung von Bären, Wölfen und Uhus. Nur wenn die Bevölkerung solche Aktionen unterstützt, hat eine der in der Welt am stärksten bedrohten Bärenpopulationen eine gute Überlebenschance.

Als die Naturschützer entlang der wichtigen Wildwechsel Kameras mit Selbstauslöser installierten, um den Bestand der Bären und anderer Wildtiere besser schätzen zu können, hatten sie einen unerwarteten Erfolg: Offensichtlich eignen sich die Fotofallen auch zur Bestandsschätzung von Wilderern – auf einem Bild fand sich das Porträt eines mit einem Gewehr bewaffneten Mannes im Unterholz. Die Beamten der spanischen Umweltpolizei

Honig für den Bären

Bären und Menschen

Seprona konnten diese Person prompt identifizieren, verhaften und der Wilderei überführen. Allerdings gibt es wohl noch eine Reihe weiterer Wilderer in der Gegend. Gemeinsam mit der Seprona streifen FAPAS-Mitarbeiter daher regelmäßig auf Bärenpatrouille durch die Berge. Und die Wilderer haben die Zeichen der Zeit durchaus erkannt: Heute prahlt niemand mehr in der Kneipe mit einer erfolgreichen Bärenjagd. Die verschiedenen Jagdverbände haben die Naturschützer inzwischen sogar als Verbündete gewonnen. Mit ihren ungewöhnlichen Methoden scheinen die Naturschützer von FAPAS und Euronatur insgesamt jedenfalls Erfolg zu haben, die Bärenpopulationen sind weitgehend stabil.

Bärenkot in den Karpaten

Trotz solcher Erfolge im Bärenschutz fragen sich viele Artenschützer natürlich, ob für große Raubtiere wie Bären in Mitteleuropa überhaupt noch Platz ist. Antworten auf diese Frage findet man in Transsilvanien. Unübersehbar liegen in dieser Region Rumäniens mitten auf steinigen Waldwegen Kothaufen. Rotbraun stechen fast unverdaute Bucheckern-Bruchstücke aus der dunkelbraunen Masse ins Auge. „Bären sind schlechte Futterverwerter, deshalb erkennt man ihre letzte Mahlzeit sofort im Kot", erklärt Christoph Promberger vom Raubtierschutzprojekt Carpathian Large Carnivore Project. Gemeinsam mit seiner Frau, der Biologin Barbara Promberger-Fürpaß hat der Forstwirt im Herzen Transsilvaniens seit Anfang der 1990er-Jahre untersucht, wie 5000 Bären, 3000

Bärenkot in den Karpaten

Wölfe und 2000 Luchse mit den fünf Millionen Menschen auskommen, die in den rumänischen Karpaten auf einer Fläche von der Größe Bayerns leben.

Die Bärenkotdichte in den Wäldern Transsilvaniens ist jedenfalls ähnlich hoch wie die Hundehaufendichte auf Großstadt-Gehsteigen. Im noch feuchten Schlamm neben einer Pfütze zeichnet sich die Spur einer mächtigen Tatze ab. An einem bis in Kopfhöhe entrindeten Baum schrubbt sich ein Bär offensichtlich häufig Parasiten vom Rücken. Ein Stückchen höher zeigen die Kratzspuren der ausgestreckten Vorderpranken den Rivalen des Braunbären wie groß und damit auch wie stark der Hausherr ist. Ein kleinerer Bär trollt sich angesichts solcher Machtdemonstration meist ähnlich rasch wie ein Diskobesucher vor dem bulligen Rausschmeißer.

„Nirgends in Europa leben so viele Braunbären, Wölfe und Luchse auf so engem Raum zusammen wie in den rumänischen Karpaten", erklärt Christoph Promberger die Fülle von Spuren. Nur die Aufregung über die kräftigen

Bären und Menschen

Nachbarn ist in Rumänien erheblich geringer als in Bayern oder der Schweiz. Aber finden Bär, Wolf und Luchs dort auch genug zu fressen? Dieser Frage sind Christoph und Barbara Promberger im Auftrag des Schweizer WWF in Rumänien nachgegangen: Wölfe hetzen meist Rothirsche, aber auch gern einmal ein Wildschwein. Der Luchs dagegen lauert vor allem Rehen auf, versucht sich aber auch hin und wieder an einer Gämse. Der Bär dagegen entpuppt sich als überwiegender Vegetarier, frisst Gras, Bucheckern, Himbeeren und plündert so manchen Obstgarten. Allzu groß aber sind die Schäden durch große Raubtiere nicht, zeigen Christoph und Barbara Promberger in Rumänien: Eineinhalb bis zwei Prozent der Schafe holen Großraubtiere dort jedes Jahr aus einer Herde. Für zwei Drittel dieser Verluste sind Wölfe verantwortlich, der Bär holt das restliche Drittel, während der Luchs gegen die Hunde der Schäfer keine Chance hat. Die natürlichen Verluste durch Abstürze oder Krankheiten sind dagegen höher.

Trotz solcher Zahlen wird auch in Rumänien kaum ein Schäfer zum begeisterten Bärenenthusiasten. Doch man arrangiert sich. Wachsamkeit ist die Devise, die Schäfer verbringen die Nacht bei der Herde. Jeder Hirte hat einen Bretterverschlag, in dem gerade genug Platz für ein Bett ist – und für einen kleinen Fernseher gegen die Langeweile an wolfsfreien Abenden. Die Tür bleibt nachts offen und sobald die Hunde anschlagen, rücken die Schäfer den vierbeinigen Räubern mit Taschenlampen und Stöcken zu Leibe.

Bären und Menschen

Mit dieser traditionellen Methode ist der Schafzüchter Iustin Pruna lange Zeit recht gut gefahren. Inzwischen allerdings hat er für einen Teil seiner Herde einen zusätzlichen Schutz. Stolz präsentiert er den Elektrozaun, den er vom Carpathian Large Carnivore Project bekommen hat. Zehn Camps haben bisher solche Anlagen aufgestellt, die Nachfrage wächst. „Anfangs waren die Schäfer ja sehr misstrauisch", erzählt Projektmitarbeiterin Annette Mertens. Man fürchtete, die Schafe könnten durch die Stromschläge verletzt werden.

Bärenkot in den Karpaten

Und irgendjemand verbreitete sogar das Gerücht, die ganze Technik diene in Wirklichkeit nur dem amerikanischen Geheimdienst zum Abhören von Privatgesprächen.

Davon ist inzwischen keine Rede mehr, die Erfolge haben auch etliche Skeptiker überzeugt. Ein Raubtier, das mit den schmerzhaften Stromschlägen Bekanntschaft gemacht hat, versucht meist keine zweite Attacke. Iustin Pruna jedenfalls hat Wölfe beobachtet, die in respektvoller Entfernung um seinen Zaun schlichen: „Näher als drei Meter haben die sich nicht herangewagt." In der ganzen Region haben es in den Jahren nach dem Aufstellen der Zäune nur ein einziger Wolf und ein Bär geschafft, jeweils ein Schaf von einer elektrisch gesicherten Weide zu holen. Der Bär hat dabei die Gunst der Stunde genutzt, als die Batterie leer war.

Bären und Menschen

Bäriger Tourismus

Vielleicht können die Mitteleuropäer beim Blick in die Karpaten aber nicht nur lernen, wie man Schafe schützt. Die Projektmitarbeiter haben inzwischen auch Erfahrung darin, wie man mithilfe von Bären und Wölfen eine Region vermarkten kann. „Die Menschen hier sollen schließlich auch etwas von den Raubtieren haben", betont Christoph Promberger. Nur dann seien sie bereit, die andernorts längst ausgestorbenen Arten zu erhalten. Gerade in armen rumänischen Städten wie Zarnesti wirbt man für Naturschutz am besten mit wirtschaftlichen Argumenten. Die örtliche Industrieproduktion ist zusammengebrochen, die Arbeitslosigkeit liegt bei etwa 50 Prozent, in heruntergekommenen Wohnblocks grassiert das soziale Elend. Doch einige Leute haben neue Hoffnung geschöpft. Denn den Projektmitarbeitern ist es gelungen, unter dem Motto „Zu Wolf und Bär nach Transsilvanien" Ökotouristen in die Region zu locken. Mit acht Reisegruppen hat das Ganze 1997 angefangen, 2002 waren es schon 100 Gruppen. Insgesamt hat die Region an ihren Raubtieren bereits 2001 mehr als 200 000 Euro verdient. Pensionen vermieten Zimmer, Pferdewagenbesitzer kutschieren die Besucher durch die Landschaft und mehr als 60 Frauen stricken Pullover mit Raubtiermotiven für den höchst erfolgreichen Souvenirladen.

Bäriger Tourismus

Bären und Menschen

Teamwork gegen Bär und Wolf

Auch bei Elena Zingarska in Bulgarien kann man erfahren, wie man Schafe vor Bären oder Wölfen schützt. Sie leitet vom kleinen Gebirgsdorf Vlahi im Nordwesten Bulgariens aus nicht nur die Naturschutzorganisation Balkani Wildlife Society, sondern weiß auch, wie man mit Lumpen und Hunden Bären und Wölfe in Schach hält.

So gut Elektrozäune Wolf und Bär auch abschrecken mögen, sobald die Herden unterwegs sind und zum Beispiel zu ihren Bergweiden wandern oder auf die-

Teamwork gegen Bär und Wolf

sen grasen, muss ein anderer Schutz her. In Bulgarien heißt er Karakatschan. So nennt sich die bernhardinergroße Hunderasse, die dort als Herdenschutzhund fungiert. Mit ihren Artgenossen hierzulande aber haben die Karakatschan wenig gemein. In Mitteleuropa kümmern sich die Hunde der Schäfer vor allem darum, die Herde zusammenzuhalten und zu verhindern, dass unvorsichtige Tiere vor ein Auto auf der meist nahen Straße laufen.

Ganz anders die Situation in Bulgarien. Dort schützen seit vielen Jahrhunderten Karakatschan-Hunde die Herde vor den Attacken von Wölfen und Bären, von denen es jeweils noch einige Hundert im Land gibt. Nach dem Zweiten Weltkrieg aber verschwanden die Hunde langsam aus den Herden. Und als man sich nach der politischen Wende in Bulgarien wieder an die traditionellen und effektiven Methoden erinnerte, war die Karakatschan-Rasse weitgehend ausgestorben. In dieser Situation begann die bulgarische Semperviva-Gesellschaft ein Zuchtprogramm für die Hunderasse. Mit gutem Grund stiegen bald auch Elena Zingarska von der Balkani Wildlife Society und Euronatur in dieses Zuchtprogramm ein.

Seit im Dezember 1997 der erste Nachwuchs da war, der nicht für das Zuchtprogramm selbst benötigt wurde, schenken die Züchter den Hirten Karakatschan-Welpen. Die kleinen Hunde wandern sofort in die Herde aus Schafen, Ziegen oder Kühen und werden von Muttertieren gesäugt. Es dauert nicht lange und die Karakatschan empfinden die Herde als ihr Rudel. In den Augen der Hunde mag ihr Rudel zwar recht groß sein und ihre Mitglieder

Bären und Menschen

mögen einen erstaunlich dicken Pelz oder seltsame Hörner tragen, aber mangels Alternative passt man sich eben an diese ungewöhnliche Truppe an. 2006 waren in Bulgarien dann wieder rund 90 Karakatschan-Hunde im Schutzeinsatz.

Die Tiere beherrschen ihren in vielen Jahrhunderten ausgefeilten Job perfekt: Ein paar Hunde sondieren vor der Herde, ob dort Wölfe oder Bären lauern, der Rest bildet die Nachhut und verhindert so Angriffe von hinten. Die Situation ändert sich schlagartig, wenn ein Bär oder ein Rudel hungriger Wölfe Appetit auf Schaffleisch bekommt. Jetzt verteidigen die Karakatschan ihr vor allem aus Vegetariern bestehendes Rudel mit allen Kräften.

Allerdings stürzen sich die Hunde keineswegs alle gleichzeitig auf die Angreifer, eine kleine Reserve bleibt erst einmal bei der Herde. Schließlich sind Wölfe ja schlau und starten vielleicht eine Scheinattacke auf einer Seite der Herde, um die Karakatschan-Hunde dorthin zu locken. Der eigentliche Angriff aber folgt ein wenig später von anderer Seite. Jetzt kommt die Karakatschan-Reserve zum Einsatz und die Angreifer kommen wieder nicht zum Zuge.

Teamwork gegen Bär und Wolf

Bis auf ganz wenige Ausnahmen, in denen die Hirten Fehler machten, wehren die Hunde solche Attacken erfolgreich ab. Einige Schafe mögen bei den vergeblichen Angriffen zwar noch verwundet werden, gerissene Tiere aber müssen die Hirten kaum noch beklagen, die natürlichen Verluste durch Abstürze und Krankheiten sind höher. Diese positive Entwicklung spricht sich natürlich unter den Hirten rasch herum und die Nachfrage nach Karakatschan-Welpen wächst in den bulgarischen Gebirgszügen der Rhodopen, des Pirin und des Rila enorm an.

Kleinbären

So unterschiedlich Großbären und Marder auch wirken, gehören sie doch in die gleiche Sippe. Am deutlichsten wird die relativ enge Verwandtschaft zwischen diesen beiden Familien, wenn man als dritte Familie die Kleinbären betrachtet. Diese stehen nämlich in vielerlei Hinsicht so genau zwischen Großbären und Mardern, dass sie beinahe als Übergangsform gelten könnten, die sie aber nicht sind. Vor allem in der Gestalt sieht ein typischer Kleinbär wie eine Mischung aus Großbär und Marder aus. Kleinbären passen aber auch hinsichtlich des Gewichts in die Lücke zwischen dem mächtigen Eisbären mit über einer halben Tonne Masse und dem eifrigen Mauswiesel, von dem manches ausgewachsene Exemplar gerade einmal 25 Gramm wiegt und damit erheblich leichter als ein Hühnerei ist. Enger verwandt sind die Kleinbären aber mit den Großbären, mit denen sie vermutlich einen gemeinsamen Vorfahren teilen. Die ersten Kleinbären huschten wohl durch Europa und wanderten später über Asien bis nach Nordamerika, das damals über eine Landbrücke mit dem Osten Sibiriens verbunden war. Als sich in der Alten Welt die Schleichkatzen entwickelten, waren die Kleinbären dieser Konkurrenz nicht gewachsen und verschwanden von dort. Heute gibt es Kleinbären daher nur noch in Amerika. Die einzige Ausnahme ist der aus Nordamerika stammende Waschbär, der in Europa mehrmals aus der Gefangenschaft ausbrach oder mit Absicht ausgesetzt wurde und sich seither in Mitteleuropa pudelwohl fühlt.

Makibären

In nebelumwaberten Baumkronen zwischen Nicaragua und Bolivien sind die Makibären zu Hause. Auf den ersten Blick ähneln die 1000 bis 1500 Gramm schweren Kleinbären eher einer Katze als einem Bären. „Schlankbär" heißen die Tiere deshalb auch, die eine Gattung der Kleinbären mit insgesamt fünf Arten bilden. Langer Körper, kurze Beine, rundes Gesicht mit spitzer Schnauze und riesigen, haselnussbraunen Augen, das könnte der Steckbrief des flinken Kletterers sein.

Makibären sind zwar nicht allzu häufig, aber auch nicht vom Aussterben bedroht. Trotzdem bekommen Menschen diese Kleinbären kaum einmal zu Gesicht, weil sie das Kronendach der Regenwälder kaum verlassen und obendrein tagsüber fast nie unterwegs sind. Die Wege von Mensch und Makibär kreuzen sich daher nur selten, entsprechend wenig ist über diesen Kleinbären auch bekannt.

Makibären tragen für gewöhnlich typische Tarnfarben mit einem oben braunen oder grauen Fell, das ein fliegender Adler im dunkelgrünen Blättergewirr kaum erkennen kann. Die Unterseite ist hellgelb oder weißlich, gegen den hellen Himmel entdeckt ein Räuber auf dem Boden Makibären also ebenso wenig. Auf

---

BIOLOGISCHER STECKBRIEF

Wissenschaftlicher Name
Bassaricyon

Familie
Kleinbären (Procyonidae)

Heimat
Mittelamerika und nördliches Südamerika

Lebensraum
Baumkronen im tropischen Regenwald

Größe
Ohne Schwanz 36 bis 42 cm lang, 0,9 bis 1,5 kg schwer

Nahrung
Früchte und Kleintiere

Makibären

ihren nächtlichen Streifzügen suchen die Einzelgänger Früchte. Aber auch nahrhafte Insekten oder kleinere Wirbeltiere verschmähen sie nicht. Zehn Jahre wird so ein Makibär in der Natur alt, in Gefangenschaft haben einzelne Tiere aber auch schon ihren 25. Geburtstag erlebt.

Drei Arten sind relativ häufig. Dazu gehören *Bassaricyon alleni* in Ecuador, Peru und Boliven, *Bassaricyon beddardi* in Guyana und *Bassaricyon gabbii* zwischen Nicaragua und Kolumbien. *Bassaricyon lasius* in Costa Rica und *Bassaricyon pauli* im westlichen Panama gelten dagegen als bedroht.

Wickelbär

BIOLOGISCHER STECKBRIEF

Wissenschaftlicher Name
Potos flavus

Familie
Kleinbären (Procyonidae)

Heimat
Mittelamerika und nördliches Südamerika

Lebensraum
Baumkronen im tropischen Regenwald

Größe
Ohne Schwanz 40 bis 60 cm lang, 1,4 bis 4,6 kg schwer

Nahrung
90 % Früchte, 10 % Blätter, dazu Insekten und Honig

Der nächste Verwandte der Makibären ist der Wickelbär, der den Schlankbären verblüffend ähnelt. Auffälligster Unterschied ist der lange Schwanz, der sich hervorragend zum Greifen eignet und im Geäst häufig um Äste gewickelt wird. Manchmal hängen diese Kleinbären kopfüber an ihrem um einen Ast gewickelten Schwanz und kommen so an Früchte, die anders nicht zu erreichen wären. Weil kein anderes Raubtier einen solchen Greifschwanz hat, wurde diese Art „Wickelbär" getauft. Anfangs hielt man den Kleinbären wegen seines affenähnlichen Schwanzes auch für einen Primaten.

Abgesehen von Flughunden ist kein Säugetier so stark von Früchten abhängig wie der Wickelbär. 90 Prozent seiner Nahrung sind Mangos, Feigen, Avocados,

Wickelbär

Guaven und andere Früchte in den Baumkronen. Manchmal holt der Wickelbär mit seiner langen Zunge auch Nektar aus Blüten und Honig aus Bienennestern. Normalerweise sind die Tiere allein unterwegs, nur wenn ein Baum vor Früchten überquillt, treffen sich dort mehrere Wickelbären. Werden sie dabei erschreckt, kläffen sie beinahe wie Hunde. Kommt der Feind näher, fliehen die Wickelbären.

Wickelbär

Allerdings haben die Tiere kaum natürliche Feinde. Bodenräuber wie der Jaguar kommen nicht in die Baumkronen. Dem Harpyie genannten riesigen Greifvogel gehen die Wickelbären durch ihr nächtliches Leben aus dem Weg. Dann sind zwar Eulen unterwegs, die im Regenwald Mittel- und Südamerikas aber zu klein sind, um dem Kleinbären gefährlich zu werden.

Tagsüber schlafen die Tiere seitlich eingerollt meist in Baumhöhlen und schützen mit ihren Vorderpfoten die großen, dunklen Augen. Weil Baumhöhlen aber Mangelware sind, vergessen Wickelbären tagsüber häufig ihre Tendenz zum Einzelgänger und schlafen in Gruppen bis zu sechs Tieren in einer einzigen Höhle.

Bei einer Geburt kommt fast immer nur ein Junges zur Welt, das die ersten Wochen völlig von seiner Mutter abhängig ist. Heftig erschreckte Jungtiere fauchen laut. Kleinere Störungen lassen einen Baby-Wickelbären weinerlich pfeifen. Meist kommt dann auch bald die Mutter und beruhigt den Nachwuchs mit einem Zirpen. Ist ein Umzug nötig, packt die Mutter den Nachwuchs mit den Zähnen an der Kehle und trägt ihn in eine andere Höhle. Ist das Junge schon selbstständiger, fordert die Mutter es mit einem Zirpen auf, ihr zu folgen.

Wickelbär

Katzenfrette

BIOLOGISCHER STECKBRIEF

Wissenschaftlicher Name
Bassariscus astutus,
Bassariscus sumichrasti

Familie
Kleinbären (Procyonidae)

Heimat
Südwesten der USA bis Panama

Lebensraum
Tropischer Regenwald, Steppen, Buschland

Größe
Ohne Schwanz 31 bis 47 cm lang, 0,8 bis 1,3 kg schwer

Nahrung
Allesfresser

Sie erinnern an Schleichkatzen und wurden ähnlich wie Frettchen früher zur Bekämpfung von Nagetieren eingesetzt. Der umgangssprachliche Name erinnert an diese beiden Eigenschaften. Tatsächlich sind die beiden bekannten Katzenfrettarten aber sehr urtümliche Klein-

Katzenfrette

bären, die in ähnlicher Form wohl seit 20 Millionen Jahren über die Erde huschen. Große dunkle Augen und große Ohren weisen deutlich auf die Lebensweise hin: Katzenfrette jagen in der Nacht Hörnchen, Vögel und Insekten, rauben Nester aus, naschen aber auch gern an Beeren und Obst. Tagsüber ruhen Katzenfrette in den Höhlen von Bäumen, Säulenkakteen oder Felsen und legen den Schwanz wärmend um ihren Körper. Dort kommen auch die zwei bis vier Jungen pro Wurf zur Welt, die in den ersten Wochen blind und hilflos sind. Nach acht Wochen begleiten sie ihre

Katzenfrette

Mutter, mit vier Monaten sind die kleinen Katzenfrette selbstständig. 20 Jahre können die Tiere in menschlicher Obhut alt werden. In der Natur fallen sie wohl lange vorher einer Eule oder einem Luchs zum Opfer.

Aus dem Gesicht eines Katzenfretts mit seiner hübschen weiß-schwarzen Zeichnung sticht die spitze Schnauze hervor, der Rest des Felles ist oben erdfarben und am Bauch weißlich. Wie bei vielen Kleinbären ist der lange, buschige Schwanz schwarz-weiß gebändert und gab den Tieren auch ihren englischen Namen „Ringtail".

In der Gattung der Katzenfrette leben heute zwei Arten, die sich äußerlich kaum voneinander unterscheiden. Im Südwesten der USA und im Norden Mexikos huscht das Nordamerikanische Katzenfrett *Bassariscus astutus* durch die Steppen und Buschländer. Das Mittelamerikanische Katzenfrett *Bassariscus sumichrasti* ist in den Regenwäldern zwischen Panama und dem Süden Mexikos zu Hause.

Waschbären

> **BIOLOGISCHER STECKBRIEF**
>
> **Wissenschaftlicher Name**
> *Procyon lotor, Procyon cancrivorus*
>
> **Familie**
> Kleinbären (Procyonidae)
>
> **Heimat**
> Von Panama bis in den Süden Kanadas; in Mitteleuropa und dem Kaukasus eingebürgert
>
> **Lebensraum**
> Misch- und Laubwälder, Städte
>
> **Größe**
> Ohne Schwanz 41 bis 71 cm lang, 1,8 bis 13,6 kg schwer
>
> **Nahrung**
> Allesfresser

Den Waschbären kennt fast jedes Kind, aber beinahe niemand weiß, dass es vermutlich sieben verschiedene Arten in dieser Gattung der Kleinbären gibt. Bekannt ist nur der Nordamerikanische Waschbär *Procyon lotor*, der zwischen Panama und dem Süden Kanadas in den Laubwäldern des amerikanischen Festlands zu Hause ist.

Von den sechs anderen Arten leben fünf auf jeweils einer Insel oder einer Inselgruppe vor dem amerikanischen Festland, der Barbados-Waschbär ist allerdings wohl seit 1964 ausgestorben. Daneben gibt es Waschbärenarten auf den Tres-Marias-Inseln im Pazifik vor der mexikanischen Küste, auf den Bahamas und auf Guadeloupe sowie auf der Insel Cozumel vor der zu Mexiko gehörenden Halbinsel Yucatán. Über diese „Insel-Waschbären" ist wenig bekannt. Oft wird allerdings bezweifelt, ob es sich überhaupt um eigene Arten handelt. Möglicherweise wurden diese Populationen auch nur von den Indianern auf die jeweilige Insel eingeschleppt. Dann wären es allenfalls Unterarten des Nordamerikanischen Waschbären.

Auch der Krabbenwaschbär *Procyon cancrivorus* ähnelt seinem nordamerikanischen Vetter, ist aber unbestritten eine eigene Art. Zwischen Costa Rica und

Waschbären

Waschbären

Uruguay leben diese Waschbären in den verschiedenen Wäldern Südamerikas. Genau wie der nordamerikanische Vetter ist auch der Krabbenwaschbär ein typischer Allesfresser. Allerdings legt er erheblich größeren Wert auf Krabben, Krebse, Fische und Frösche, daher kommt auch sein deutscher Name.

Anders als Großbären leben Nordamerikanische Waschbären häufig in lockeren Gruppen zusammen. Aus diesem Grund haben die Tiere wohl auch ihre typische Gesichtsmaske mit schwarzem Fell um die Augen, das wiederum vom weißen Fell im Rest des Gesichts umrahmt wird. Das Körperfell ist dagegen braun bis grau. Nur die Tiere in Mitteleuropa haben ein sehr dunkles, fast schwarzes Fell, weil diese Variante in der Alten Welt als Pelzlieferant beliebt war. Die Gesichtsmaske hilft einem Waschbär, die Mimik und damit die Stimmung seines Gegenübers zu erkennen.

Wenn Bären waschen

Wichtigstes Sinnesorgan des Waschbären ist der äußerst empfindliche Tastsinn in den Vorderpfoten. Um einen gefundenen Gegenstand genau zu erkennen, tasten sie ihn oft im flachen Wasser eines Baches oder an einem Seeufer von allen Seiten genau ab. Für einen Menschen sieht das aus, als wenn die Tiere ihre Nahrung waschen. Daher kommt der deutsche Name Waschbär. Tatsächlich aber erkundet das Tier nur, ob der gefundene Gegenstand essbar ist.

Da Waschbären vor allem in der Dämmerung und in der Nacht unterwegs sind, ist dieser Tastsinn für sie besonders wichtig. Aber auch ihr Gehör ist so gut, dass

Waschbären

Waschbären

sie sogar die Bewegungen eines Regenwurms in der Erde hören. Die Nase ist vor allem bei der Kommunikation mit Artgenossen wichtig, weil sie die Duftmarken erschnuppert, mit denen ein Konkurrent sein Revier abgrenzt. Trotz dieser duftenden Warnbotschaften leben Waschbären aber oft in kleinen Gruppen zusammen, da sie sich dann besser gegen Feinde wehren können.

Gefressen wird alles, was nährt. Im Frühjahr sind das vor allem Insekten und Würmer, die viele Waschbären auch aus dem Sediment von Gewässern holen. An Seen und Flüssen fühlen sich diese Tiere daher besonders wohl. Dort finden sie schließlich auch die Fische und Amphibien, die ebenfalls einen wichtigen Teil

Waschbären

ihrer Nahrung ausmachen. Im Herbst aber stürzen die Tiere sich vor allem auf Nüsse und Obst, weil sich mit dieser kalorienreichen Nahrung am besten der nötige Winterspeck für die kalte Jahreszeit anfressen lässt. Tagsüber verstecken sich Waschbären gern in Baumhöhlen alter Eichen. Aus diesem Grund bevorzugen sie Laubwälder, dringen aber oft auch in Steppen vor oder leben gern in den Vorstädten.

Nasenbären

BIOLOGISCHER STECKBRIEF

Wissenschaftlicher Name
Nasua nasua, Nasua narica, Nasua nelsoni

Familie
Kleinbären (Procyonidae)

Heimat
Vom Süden der USA bis in den Norden Argentiniens

Lebensraum
Wälder

Größe
Ohne Schwanz 41 bis 67 cm lang, 3 bis 6 kg schwer

Nahrung
Allesfresser, bevorzugt Insekten

Wenn dem Besucher der Wasserfälle von Iguaçu an der Grenze zwischen Argentinien und Brasilien plötzlich die Tüte mit Keksen aus den Händen gerissen wird, schleppt meist ein Mundräuber die tolle Beute weg, der seinen buschigen, schwarz-weiß geringelten Schwanz hoch in die Luft streckt. Längst haben die Nasenbären im subtropischen Regenwald gelernt, dass die Besucherscharen Leckereien verzehren, die auch einem Kleinbären gut schmecken. Diesem Angebot können die hauskatzengroßen Minibären kaum widerstehen. Daher ist Mundraub in Iguaçu eben an der Tagesordnung.

Auch andernorts kommen die Nasenbären in den Wäldern Südamerikas bisweilen mit den Gesetzen in Konflikt, wenn sie Hühnerställe oder Vorrats-

Nasenbären

Nasenbären

kammern plündern. Viele Tiere verdienen sich ihren Lebensunterhalt jedoch durchaus artgerecht. Auf ihrer Speisekarte stehen vor allem Insekten, Larven, Spinnen, Skorpione und kleinere Wirbeltiere. Da sich diese Leckerbissen oft im Boden der Wälder verstecken, haben Nasenbären eine deutlich verlängerte Nase. Ähnlich wie ein Elefant mit seinem Rüssel durchstöbern auch die Kleinbären mit ihrem sehr beweglichen Riechorgan den Untergrund und finden damit zuverlässig ihre Beute. Aber auch Früchte und andere Pflanzenkost stehen häufiger auf dem Speiseplan der Nasenbären.

Anders als die geringfügig größeren Waschbären gehen Nasenbären ihren Geschäften vor allem tagsüber nach. Begegnungen mit Menschen sind daher viel häufiger. Die Männchen sind meist Einzelgänger, die ihr Territorium mit Zähnen und Krallen gegen andere Männchen verteidigen. Weibchen sind dagegen recht gesellig und leben in Gruppen mit bis zu 20 Tieren.

Nasenbären

In der Paarungszeit erlauben die Weibchen männlichen Nasenbären Annäherungsversuche. Ganz Gentleman versucht der Bewerber, einen guten Eindruck zu machen. Er putzt den Weibchen das Fell und tut ihnen andere Gefallen. Hat es so das Vertrauen gewonnen, paart das Männchen sich mit allen Weibchen und wird anschließend wieder verjagt. Seine drei bis sieben Jungen pro Wurf bringt ein Weibchen dann in einem aus Blättern gebauten Nest hoch oben in den Bäumen zur Welt. Dort sind die Tiere zumindest vor den Räubern am Boden sicher und verbringen daher auch die Nacht im Kronendach. Nach fünf oder sechs Wochen im Nest ist der Nachwuchs dann so flink, dass sich die Familie wieder der restlichen Weibchengruppe anschließen kann.

In menschlicher Obhut werden Nasenbären über 17 Jahre alt. In der Natur hat sie meistens längst vorher ein Puma oder ein Jaguar, eine Riesenschlange oder ein Greifvogel erwischt. Weil sie sich gern auch am Hab und Gut des Menschen vergreifen, werden sie auch von Zweibeinern gejagt. Trotzdem sind sie nach wie vor relativ häufig und zählen nicht zu den bedrohten Arten.

Nasenbären bilden eine eigene Gattung bei den Kleinbären. Die drei bekannten Arten aber ähneln sich relativ stark. Die häufigste Art ist wohl der Südamerikanische Nasenbär *Nasua nasua*, der zwischen Kolumbien und dem nördlichen Argentinien in praktisch allen Wäldern Südamerikas lebt. Weiter im Norden schnüffelt der Weißrüssel-Nasenbär *Nasua narica* in den Böden zwischen Kolumbien und den drei südlichen US-Bundesstaaten Arizona, Texas und New Mexico. Der Nelson-Nasenbär *Nasua nelsoni* kommt dagegen nur auf der Insel

Nasenbären

Cozumel vor der mexikanischen Halbinsel Yucatán vor. Da häufig Hurrikane diese Insel verwüsten, gilt die Art als bedroht. Möglicherweise aber ist der Nelson-Nasenbär gar keine eigene Art, sondern wurde bereits von den Maya nach Cozumel eingeschleppt. Dann wäre er allenfalls eine Unterart des Weißrüssel-Nasenbären.

Bergnasenbär

Deutlich kleiner als ein Nasenbär ist der Bergnasenbär, auch der schwarzweiße Ringelschwanz ist erheblich kürzer. Genau wie die Schwestergattung der Nasenbären lebt auch die Gattung der Bergnasenbären vor allem in den Wäldern, bevorzugt allerdings die obere Etage. Damit ist jedoch nicht das Kronendach gemeint, sondern die Höhenlage: Denn Bergnasenbären eilen in Kolumbien sowie den westlichen Teilen von Venezuela und Ecuador durch Wälder, die zwischen 2000 und 3200 Meter über dem Meeresspiegel liegen. Allerdings ist diese Angabe relativ unsicher, weil über den Bergnasenbären fast nichts bekannt ist. Vermutlich ernährt er sich ähnlich wie die Schwestergattung der Nasenbären, vielleicht ist auch sein Sozialleben ähnlich. Sicher sind Zoologen sich jedenfalls nur, dass der Bergnasenbär nicht nur eine Art der Nasenbären ist, sondern vielmehr eine eigene Gattung bildet, in der es allerdings nur eine einzige Art gibt, den Bergnasenbären eben. Wohl selten ist die Art, meinen Naturschützer. Ob sie allerdings gefährdet ist, weiß ebenfalls niemand. Der Bergnasenbär bleibt eben der große Unbekannte in der Kleinbärenfamilie.

BIOLOGISCHER STECKBRIEF

Wissenschaftlicher Name
Nasuella olivacea

Familie
Kleinbären (Procyonidae)

Heimat
Kolumbien, Venezuela, Ecuador

Lebensraum
Höhergelegene Bergwälder

Größe
Ohne Schwanz 26 bis 39 cm lang, Gewicht unbekannt

Nahrung
Vermutlich Allesfresser

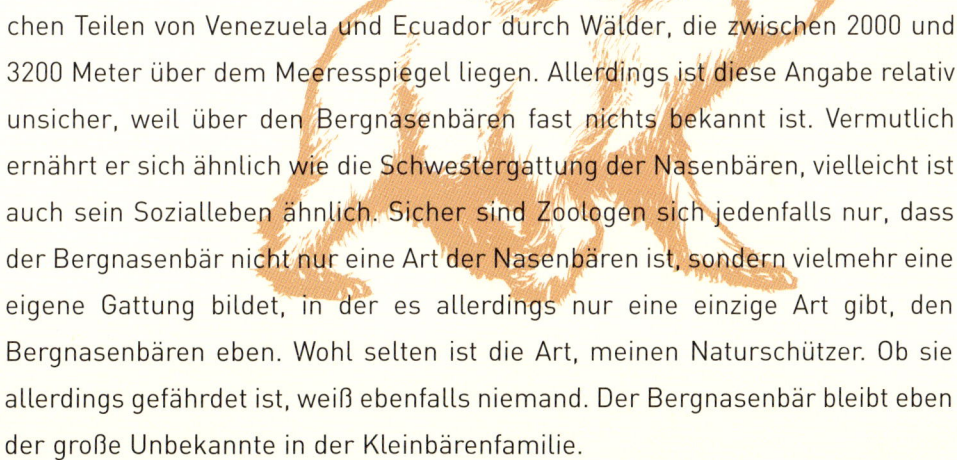

Kleiner Panda

BIOLOGISCHER STECKBRIEF

Wissenschaftlicher Name
Ailurus fulgens

Familie
Katzenbären (Ailuridae)

Heimat
Von Nordindien und Nepal bis nach China

Lebensraum
Bergregenwälder

Größe
60 cm Körperlänge, 4 bis 6 kg schwer

Nahrung
Bambusschösslinge

Der Kleine oder auch Rote Panda hat Zoologen sehr lange Kopfzerbrechen bereitet. Weil beide eindeutige Pflanzenfresser sind, sich sehr überwiegend von Bambus ernähren und jeweils einen „Sechsten Finger" haben, der wie ein Daumen den anderen Fingern gegenübersteht, wurde der Kleine Panda lange mit dem Großen Panda in eine Familie gesteckt. Große und Kleine Pandas sind allerdings auf unterschiedlichen Wegen zu ihren „falschen Daumen" gekommen. Die Natur scheint diese ungewöhnlichen Gliedmaßen zu zwei völlig verschiedenen Zwecken „erfunden" zu haben.

Äußerlich haben die Tiere ohnehin nicht viel gemeinsam. Während der schwarz-weiße Große Panda wie ein typischer Bär aussieht, erinnert der Kleine

Kleiner Panda

Kleiner Panda

Panda mit seinem rötlichen Fell und der spitzen Schnauze eher an einen Fuchs. Beide Arten aber haben sich auf Bambus als Nahrung spezialisiert, obwohl sie eigentlich zu den Raubtieren gehören. Und beide haben am Handgelenk einen ungewöhnlichen „Sechsten Finger". Diesen Auswuchs eines Handwurzelknochens nutzen sie wie einen Daumen, um die dünnen Bambusstängel festzuhalten. Bisher hatte man daher angenommen, dass dieser falsche Daumen eine Anpassung an die Nahrung der Pandas sei.

Am Anfang des 21. Jahrhunderts aber haben Forscher bei Madrid ungewöhnlich gut erhaltene Fossilien eines ausgestorbenen Verwandten des Kleinen Pandas gefunden. *Simocyon batalleri* war etwa so groß wie ein Puma und lebte im späten Miozän, das vor gut fünf Millionen Jahren zu Ende ging. Die Zähne des Pandaverwandten verraten, dass er kleinere Tiere jagte und auch Aas nicht verschmähte. Ein echter Fleischfresser also, der sich für Bambus überhaupt nicht interessierte. Und trotzdem besaß auch *Simocyon batalleri* einen falschen Daumen.

Die Forscher vermuten, dass diese Art und der heutige Kleine Panda den sechsten Finger von einem gemeinsamen Vorfahren geerbt haben. Dieser hatte ihn offenbar nicht zum Greifen von Bambus entwickelt, sondern um sich im Geäst der Bäume möglichst gut fortbewegen zu können. Schließlich lauerten am Boden verschiedene größere Raubtiere. Da war es günstig, wenn man gut klettern und auch dünne Zweige sicher packen konnte. Als sich die Vorfahren des Kleinen Pandas später auf Bambusnahrung umstellten, war die ursprüngliche

Kleiner Panda

Kleiner Panda

Kletterhilfe dann auch beim Fressen nützlich. Der Große Panda dagegen hat seinen falschen Daumen von vornherein als „Essbesteck" entwickelt. Solche Ergebnisse und Analysen des Erbguts lassen Zoologen den Kleinen Panda inzwischen in eine eigene Familie stellen, die zusammen mit den Kleinbären, Skunks und Mardern zu einer gemeinsamen Gruppe gehört.

Feuerfüchse in Gefahr
Anders als sein chinesischer Name „Feuerfuchs" vermuten lässt, mag der Kleine Panda Hitze überhaupt nicht. Deshalb lebt er ausschließlich in dichten Rhododendron- und Eichen-Bergwäldern mit starkem Bambus-Unterholz in Höhen zwischen 2000 und 4600 Meter über dem Meeresspiegel. Um der Wärme zu entgehen, schläft er tagsüber in schattigen Baumkronen oder Baumhöhlen. In der Dämmerung und der Nacht kaut der Feuerfuchs dagegen am Boden seine geliebten Bambusschösslinge. Und weil diese nicht allzu viele Nährstoffe enthalten, stopft er Unmengen davon ins Maul.
Solche Paradiese für den Roten Panda aber werden immer seltener, weil der Mensch die Bergregenwälder zunehmend abholzt, in denen der Feuerfuchs lebt. Fehlen die Wälder, schwemmt der nächste Schauer die dürftigen Böden talwärts. Zurück bleibt nackter Fels, auf dem lange kein Wald mehr wachsen wird. In den wenigen noch verbliebenen Wäldern weiden die Yaks der Bergbauern und halten den für Rote Pandas lebenswichtigen Bambus kurz. Die Naturschützer des WWF schätzen daher, dass allenfalls noch 2500 Kleine

Kleiner Panda

Pandas im fortpflanzungsfähigen Alter in den Bergwäldern des östlichen Himalaja und in China leben. Längst zählt der Rote Panda daher zu den gefährdeten Arten.

Maskierten Räubern auf der Spur

Es riecht nach Katzenfutter. Und nach Fisch. Für einen hungrigen Waschbären ist das eine unwiderstehliche Mischung. So eine Gelegenheit kann er sich nicht entgehen lassen: Der Holzkasten, aus dem der verlockende Duft kommt, muss untersucht werden. Doch kaum ist das katzengroße Tier mit dem geringelten Schwanz und der schwarzen Gesichtsmaske in die Kiste gekrochen, fällt hinter ihm eine Klappe zu. Der Katzenfutter-Interessent sitzt in der Falle.

„Waschbären sind relativ leicht zu fangen, weil sie so neugierig sind", sagt der Biologe Frank-Uwe Michler von der Gesellschaft für Wildökologie und

Maskierten Räubern auf der Spur

Naturschutz in Carpin bei Neustrelitz. Er und seine Kollegen stellen ihre selbst konstruierten Waschbärfallen etwa einmal pro Woche im Müritz-Nationalpark in Mecklenburg-Vorpommern auf. Die eingefangenen Tiere lassen sie später mit einem Senderhalsband ausgerüstet wieder frei. So versuchen sie, einen Blick in das Privatleben der nachtaktiven Nationalparkbewohner zu werfen.

„Waschbären gehören zu den am wenigsten erforschten Raubtieren in Deutschland", sagt Frank-Uwe Michler. Dabei ist es schon mehr als 70 Jahre her, dass die ursprünglich aus Nordamerika stammenden Kleinbären zum ersten Mal einen deutschen Wald betraten. Waschbärpelz war damals äußerst beliebt und teuer, entsprechend groß war das Interesse der Forstbehörden, die Lieferanten dieses Luxusprodukts auch in Deutschland anzusiedeln.

Maskierten Räubern auf der Spur

Am 12. April 1934 war es schließlich soweit: Zahlreiche Gäste und hohe Beamte fanden sich zur Begrüßung der vierbeinigen Neubürger am nordhessischen Edersee ein. Soldaten standen Spalier, feierliche Reden wurden gehalten und eine Blaskapelle spielte die Nationalhymne. Dann wurden zwei Holzkisten geöffnet, aus denen je ein Waschbärpaar in die Freiheit tapste. Es war der Beginn einer tierischen Erfolgsgeschichte.

Denn seither haben die neugierigen Allesfresser große Teile Deutschlands erobert. Die Nachkommen der in Nordhessen ausgesetzten Tiere leben inzwischen in ganz Hessen, in Nordrhein-Westfalen, Thüringen und Niedersachsen. Eine zweite Population in Ostdeutschland haben Artgenossen gegründet, die

1945 aus einer Pelztierfarm bei Strausberg östlich von Berlin entwischt sind. Vor allem in Städten scheint es den anpassungsfähigen Waschbären außerordentlich gut zu gefallen. In Kassel zum Beispiel plündern zahlreiche Maskenträger nachts die Biomülltonnen, ernten die Obstbäume in den Gärten ab

Maskierten Räubern auf der Spur

oder rütteln auf der Suche nach Einstiegsmöglichkeiten an den Dachziegeln. Dachböden werden zu Schlafplätzen oder Kinderstuben, Garagendächer zu Latrinen. Bei einer Studie in den Jahren 2001 und 2002 haben Frank-Uwe Michler und seine Kollegen in Kassel Waschbärdichten von mehr als 90 Tieren pro 100 Hektar nachgewiesen. „Waschbären können den Lebensraum Stadt so gut nutzen wie kaum ein anderes Säugetier", sagt der Biologe. Zwar sind zum Beispiel Füchse ähnlich neugierig und anpassungsfähig. Doch ihnen fehlen die

guten Kletterkünste, um Dächer und Böden zu erreichen und die geschickten Pfoten, um Mülleimerdeckel aufzuklappen.

Allerdings haben die possierlichen Nordamerikaner inzwischen nicht nur Städte, sondern auch Wälder und andere natürliche Lebensräume erobert. Diesen Siegeszug aber beobachten etliche Jäger und Naturschützer mit Skepsis. Sie befürchten, dass sich die geschickten Kleinbären in großem Stil als Eierdiebe betätigen und so am Boden oder in Baumhöhlen brütende Vogelarten in Bedrängnis bringen könnten.

Maskierten Räubern auf der Spur

„Wie groß diese Gefahr tatsächlich ist, weiß bisher niemand genau", sagt Frank-Uwe Michler. Sind zum Beispiel die Kraniche in Gefahr, die in den Feuchtgebieten des Müritz-Nationalparks brüten Das herauszufinden ist eines der Ziele des dortigen Waschbär-Forschungsprojekts, an dem neben der GWN auch das Nationalparkamt und die Universität Dresden beteiligt sind.

Im Nationalpark sind die vierbeinigen Einwanderer seit Ende der 1970er-Jahre aktiv. Inzwischen bringen sie es dort auf durchaus beachtliche Bestände, schließen Frank-Uwe Michler und seine Kollegen aus ihren ersten Fangergebnissen. Die Forscher legen jedem gefangenen Tier eine Ohrmarke an, sprühen eine bunte Markierung auf sein Fell und injizieren einen kleinen Datenchip unter seine Haut. So können sie ihre alten Bekannten jederzeit wiedererkennen, wenn diese wieder in die Falle gehen oder vor eine der im Wald verteilten Kameras tapsen. Diese sogenannten Fotofallen werden automatisch

Maskierten Räubern auf der Spur

ausgelöst, sobald ein Waschbär vorbeiläuft. Aus der Häufigkeit, mit der schon einmal gefangene Tiere wieder auftauchen, lassen sich Rückschlüsse auf die Größe der Bestände ziehen. Ersten Berechnungen der Forscher zufolge leben an der Müritz immerhin vier bis sechs Waschbären pro 100 Hektar. Das ist zwar kein Vergleich zum Waschbären-Boom in den Städten, aber immerhin etwa doppelt so viel wie im Mittelgebirgszug Solling in Südniedersachsen. Von dort stammen die bisher einzigen Daten über die deutsche Waschbär-Verbreitung außerhalb von Städten.

Maskierten Räubern auf der Spur

„Im Vergleich zum Solling scheint die Müritz ein echtes Paradies für Waschbären zu sein", sagt Frank-Uwe Michler. Ein Indiz dafür ist nicht nur die höhere Dichte der Tiere. 29 Waschbären laufen inzwischen mit einem Sender um den Hals durch den Nationalpark, sodass die Forscher ihre Wege verfolgen können. Dabei hat sich gezeigt, dass die Tiere deutlich kleinere Gebiete durchstreifen als in Niedersachsen. Offenbar finden sie an der Müritz alles, was sie brauchen auf engstem Raum. Ein besonderes Faible scheinen sie für das dichte Netz von Gewässern und Feuchtgebieten zu haben, das den Nationalpark durchzieht. Seen und Bäche bieten den Tieren reichlich Nahrung in Form von Amphibien, Insekten und Weichtieren, im Schilf und in den Höhlen alter Bäume

finden sich ruhige Schlafplätze.

Selbst bis auf die Toilette haben die Biologen die Tiere mithilfe der Halsbandsender verfolgt. Alle Waschbären eines Gebiets nutzen in der Regel gemeinsame Latrinen. Diese sind in Waschbärkreisen eine

Maskierten Räubern auf der Spur

Art Informationsbörse: Ohne sich unbedingt persönlich treffen zu müssen, können die Tiere an den Kothaufen ablesen, welche Artgenossen sich in der Nähe aufhalten und ob vielleicht ein paarungsbereites Weibchen dabei ist. Doch nicht nur für Waschbären, sondern auch für Wissenschaftler sind diese Latrinen interessante Informationsquellen. Um die 50 solcher Plätze haben Frank-Uwe Michler und seine Kollegen schon ausfindig gemacht, rund 1000 Kotproben von Müritz-Waschbären lagern in der Gefriertruhe und warten auf die Analyse.

„In Waschbärkot kann man sehr leicht erkennen, was die Tiere gefressen haben", erläutert der Biologe. Denn anders als zum Beispiel Füchse haben die Tiere eine sehr schwache Magensäure, sodass Knochenstückchen und Reste von Eierschalen nicht aufgelöst, sondern deutlich sichtbar wieder ausgeschieden werden. Vor allem im Frühjahr enthält der Kot massenweise Überreste von Amphibien, im

Maskierten Räubern auf der Spur

Sommer stehen vor allem verschiedene Früchte auf dem Speiseplan und im Herbst füllen sich die Tiere den Bauch mit nahrhaften Eicheln. Nur ganz selten finden sich dagegen Teile von Vögeln oder deren Eiern. Solche Untersuchungen bestätigen die Theorie vom schwarz maskierten Eierräuber also nicht. „Wahrscheinlich können wir Entwarnung geben", sagt Frank-Uwe Michler.
Für den Nationalpark und seine Vogelwelt wäre das eine gute Nachricht. Denn selbst wenn der eingeführte Kleinbär den Vögeln massiv nachstellen würde, könnte man wenig dagegen tun. Den kleinen Räuber zu bejagen oder mit Fallen einzufangen, würde jedenfalls nichts bringen, zeigen Erfahrungen aus Nordamerika und Kassel. Jeden Versuch, die Population zu dezimieren, haben die Weibchen dort einfach durch eine höhere Geburtenrate wieder ausgeglichen. „Wir werden mit den Waschbären leben müssen", sagt Frank Michler. Nach bisherigen Erkenntnissen scheint das aber kein größeres Problem zu werden.

Marder

Ohne Vielfalt ist das Leben entschieden zu langweilig. Dieses Motto scheinen sich die Marder auf die Fahnen geschrieben zu haben. Keine andere Raubtierfamilie auf der Erde besteht aus so unterschiedlichen Mitgliedern. Da gibt es scheue Waldbewohner und aufdringliche Stadttiere, Wasser- und Wüstenfans. Die einen klettern geschickt durch die Baumkronen, die anderen wühlen sich durchs Erdreich oder tauchen hinab in die Tiefen des Meeres. Es gibt Einzelgänger, die ihre Artgenossen nur zur Paarungszeit in ihrer Nähe dulden und ausgesprochen gesellige Gruppentiere mit ausgefeiltem Sozialleben.

Die Palette der Mardergrößen reicht vom 40 Kilogramm schweren Seeotter bis zum 25 Gramm leichten Mauswiesel, dem kleinsten aller Raubtiere. Entsprechend lassen die geschickten Jäger kaum ein Beutetier unbehelligt. Vom zentimetergroßen Käfer bis zum 300 Kilogramm schweren Rentier entgeht nichts ihren scharfen Zähnen. Dabei kann man aus der Statur des Jägers nicht unbedingt auf die Größe seiner Beute schließen. Das relativ kleine und schlanke Hermelin bringt Kaninchen zur Strecke, die zehn Mal so schwer sind wie es selbst. Dagegen ist der viel größere und kräftig aussehende Dachs ungefähr 3000 Mal so schwer wie die Regenwürmer, die er mit Vorliebe verspeist. Den wirklich „typischen" Marder gibt es also nicht. Und je mehr sich Wissenschaftler mit dem Alltag dieser Familie beschäftigen, umso bunter scheint das Bild zu werden.

Steinmarder

Wer die Bekanntschaft eines Marders machen will, hat wohl beim Steinmarder die besten Chancen. Denn der gehört nicht nur zu den häufigsten Mardern in Mitteleuropa, sondern sucht auch als einziger Vertreter seiner Verwandtschaft die Nähe des Menschen. Im Schlepptau der zweibeinigen Siedler hat der flinke Räuber vermutlich weite Teile seines heutigen Verbreitungsgebiets erobert, das von Spanien über Mittel- und Südeuropa bis weit nach Asien reicht.

BIOLOGISCHER STECKBRIEF

Wissenschaftlicher Name
Martes foina

Familie
Marder (Mustelidae)

Heimat
Eurasien

Lebensraum
Offenes Gelände mit Büschen und Bäumen, oft in Siedlungen

Größe
Ohne Schwanz 40 bis 54 cm lang, 1,0 bis 2,3 kg schwer

Nahrung
Allesfresser, besonders gern Fleisch, Eier, Obst

Flexible Räuber

Ein so großes Gebiet mit so unterschiedlichen Lebensräumen können nur besonders anpassungsfähige Arten besiedeln. Und tatsächlich sind Steinmarder äußerst flexibel, wenn es um ihre Ernährung geht. Mäuse, Frösche und Vögel stehen ebenso auf dem Speiseplan wie Insekten und Pflanzenkost. Ein besonderes Faible haben die Tiere für Eier und süße Früchte.
Solche Allesfresser kommen in menschlichen Siedlungen besonders gut auf ihre Kosten. Schließlich bieten sich dort zahlreiche Nahrungsquellen von Küchenabfällen bis zu Katzenfutter an. Die Chancen eines solchen Schlaraffenlands haben die Steinmarder wohl schon früh in ihrer Geschichte

Steinmarder

Steinmarder

erkannt. Doch während sie sich zunächst vor allem auf dörfliche Lebensräume beschränkten, haben sie sich inzwischen auch zu echten Stadtbewohnern entwickelt. In abwechslungsreichen Siedlungen mit Gebäuden, Gärten und Parks können bis zu fünf Tiere auf einer Fläche von 100 Hektar leben – das ist eine deutlich höhere Dichte als beispielsweise in Wäldern. Selbst mitten in der Großstadt finden die braunen Räuber mit dem weißen Fleck an der Kehle ihr Auskommen. Denn sie sind nicht nur neugierig, sondern auch äußerst lernfähig. Auch mit den Gefahren des Stadtlebens lernen sie daher rasch umzugehen. Und da sie vor allem nachts aktiv sind, bleiben viele ihrer Aktivitäten vor neugierigen Menschenaugen verborgen. Riskante Zusammentreffen mit den zweibeinigen Stadtbewohnern sind daher eher selten.

Lästige Untermieter

Manchmal allerdings machen sich die schlanken Nachbarn im braunen Pelz doch bemerkbar. Jeder der nachtaktiven Einzelgänger verteidigt ein Revier, das er mit Duftmarken abgrenzt. Innerhalb dieses Gebiets nutzt er mehrere Verstecke, in denen er abwechselnd den Tag verbringt. Das können Holzstapel, Schuppen oder Scheunen sein, besonders gern aber scheinen die Tiere ihr Quartier auf dem Dachboden von Wohnhäusern aufzuschlagen.
Wenn ein Weibchen dort im Frühling seine Jungen zur Welt bringt, kann es über den Köpfen der menschlichen Hausbewohner ziemlich laut werden. Denn der Mardernachwuchs fiept nicht nur, sondern fängt auch bald an zu rangeln und

Steinmarder

herumzutoben. Auch wenn im Sommer die Paarungszeit beginnt und die Weibchen die Männchen in ihrem Quartier besuchen, können die pelzigen Untermieter einigen Lärm machen. Denn ihre Paarungsspiele sind heftig, ausdauernd und mit einigem Krach verbunden. Außer über schlaflose Nächte klagen mardergeplagte Hausbesitzer oft auch noch über den Gestank von Kot, Urin und Beuteresten ihrer ungeliebten Untermieter.

Einen einmal eingezogenen Marder wieder loszuwerden, ist sehr schwierig. Radios und andere Störungen sollen manchmal zumindest vorübergehend helfen, auch gegen Toilettenduftsteine haben die geruchsempfindlichen Tiere offenbar eine Abneigung. Auf Dauer aber nutzt nur eine sehr aufwendige Strategie: Man muss herausfinden, auf welchen Wegen die pelzigen Kletterkünstler ins Haus kommen und dann sämtliche Ein- und Ausstiege mit Maschendraht versperren. Das Tier einfach einzufangen und woanders wieder auszusetzen, ist dagegen keine Lösung. Denn kaum ist einer der tierischen Hausbesetzer abtransportiert, hat meist auch schon ein Nachfolger das verwaiste Quartier für sich entdeckt.

Baummarder

Auf den ersten Blick sehen Baummarder ganz ähnlich aus wie die verwandten Steinmarder: Ein lang gestreckte Körper mit relativ kurzen Beinen und langem Schwanz. Erst beim genaueren Hinschauen fällt auf, dass der Fleck an der Kehle beim Baummarder nicht weiß, sondern gelblich ist. Auch die Ohren sind gelb umrandet und die Nase ist dunkel statt hell. Vor allem aber legt der Baummarder ein ganz anderes Verhalten an den Tag als sein bekannterer Verwandter. Mit menschlicher Gesellschaft und einem Leben in der Stadt hat er sich bisher nicht anfreunden können.

> **BIOLOGISCHER STECKBRIEF**
>
> **Wissenschaftlicher Name**
> *Martes martes*
>
> **Familie**
> Marder (Mustelidae)
>
> **Heimat**
> Eurasien
>
> **Lebensraum**
> Wälder
>
> **Größe**
> Ohne Schwanz 45 bis 58 cm lang, 0,8 bis 1,8 kg schwer
>
> **Nahrung**
> Allesfresser, besonders gern Fleisch, Eier, Obst

Im Wald, da sind die Räuber

Baummarder mögen kein offenes Gelände, sie sind reine Waldbewohner. Bäume spielen in ihrem Leben eine entscheidende Rolle, weil sie sowohl Nahrung als auch Deckung bieten. Baummarder können sehr gut klettern, ihre um 180 Grad verdrehbaren Füße sorgen immer für guten Halt. Ihr buschiger Schwanz hilft ihnen, beim Springen und Balancieren das Gleichgewicht zu halten. Baumkronen sind für so geschickte Akrobaten natürlich problemlos zu erreichen. Dort in der Höhe aber finden die Tiere zahlreiche Verstecke, in denen

Baummarder

sie den Tag verschlafen können. Manchmal ziehen sie sich in verlassene Nester von Eichhörnchen oder großen Vögeln wie Krähen und Habichten zurück. Auch Spechthöhlen sind beliebt. Bei gutem Wetter kann man sich ja auch einfach dösend auf einen dicken Ast legen. Und wenn man von der luftigen Höhe dann doch genug hat, bieten sich auch noch hohle Baumstümpfe, Asthaufen oder kleine Höhlen unter Wurzeln als Tagesquartier an.

Wenn es dämmert, gehen die Tiere auf Nahrungssuche. Die Streifgebiete der Einzelgänger können bis zu 2000 Hektar groß sein, jede Nacht legen die kleinen Räuber auf ihren kurzen Beinen etliche Kilometer zurück. Und sie fressen so ziemlich alles, was ihnen vor die Schnauze kommt. Schweizer Wissenschaftler haben den Mageninhalt und den Kot von Baummardern untersucht und darin eine große Palette von Nahrungsresten gefunden. Zu den Lieblingsspeisen der kleinen Räuber gehören Rötel-, Wald- und Gelbhalsmäuse, doch auch andere kleine Säugetiere wie Spitzmäuse, Maulwürfe und Eichhörnchen landen immer wieder im Magen von Mardern. Vögel, Eier und Insekten bieten eine willkommene Abwechslung auf dem Speiseplan und auch Aas verschmähen die Tiere nicht. Und dann ist da noch das reiche Angebot an Früchten, das so ein Wald bietet: Vogelbeeren, Hagebutten, Himbeeren und Brombeeren sorgen für den nötigen Vitaminschub im Marder-Menü.

Baummarder

Gejagter Jäger

Genügend Nahrung und Verstecke finden die kleinen Räuber aber nur in relativ großen und abwechslungsreichen Waldgebieten, die von der Forstwirtschaft nicht zu stark „aufgeräumt" werden. Solche naturnahen Lebensräume aber sind in etlichen Teilen Europas selten geworden. Mancherorts ist den Tieren aber auch ihr dichtes, seidiges Winterfell zum Verhängnis geworden. Dieser Pelz war früher deutlich beliebter als der des Steinmarders, nicht umsonst trug der Baummarder auch den Beinamen „Edelmarder". Für Pelzjäger war der kleine Räuber daher lange eine bevorzugte Zielscheibe. Auch dadurch ist er in einigen Regionen selten geworden. Trotz allem aber hat der braune Kletterkünstler nach wie vor ein großes Verbreitungsgebiet, das über weite Teile Europas bis nach Westasien reicht.

Zobel

Noch viel stärker als der Baummarder ist sein enger Verwandter in der asiatischen Taiga ein Opfer seines wertvollen Pelzes geworden. Vor allem das Winterfell der Zobel ist extrem lang, seidig und weich. Und so galt es jahrhundertelang als wertvollster Pelz überhaupt – der Inbegriff des Luxus.

BIOLOGISCHER STECKBRIEF

Wissenschaftlicher Name
Martes zibellina

Familie
Marder (Mustelidae)

Heimat
Sibirien, Nordchina, nördliche Inseln Japans

Lebensraum
Nadelwälder

Größe
Ohne Schwanz 35 bis 56 cm lang, 0,7 bis 1,8 kg schwer

Nahrung
Allesfresser, besonders Nagetiere

Ein Opfer seines Pelzes

Nun ist so ein Zobel allerdings auch nicht größer als seine mitteleuropäischen Verwandten. Für einen einzigen Zobelmantel benötigt man daher das Fell von 60 bis 70 Tieren. Um die High Society Europas mit den begehrten Pelzen zu versorgen, waren daher in früheren Jahrhunderten Scharen von Zobeljägern unterwegs, die den kleinen Raubtieren Fallen stellten.

Die Nachstellungen aber blieben für die Marder nicht ohne Folgen. Ursprünglich lebten die Tiere in weiten Teilen Nordeuropas und des nördlichen Asien. Ihr Verbreitungsgebiet reichte von Skandinavien über Russland, die Mongolei und China bis nach Japan. Anfang des 20. Jahrhunderts allerdings waren viele Bestände dem hohen Druck der Jäger nicht mehr gewachsen und brachen zusammen. Aus Skandinavien und allen anderen Regionen westlich

Zobel

Zobel

des Ural ist der Zobel seither verschwunden, heute kommt er nur noch in Sibirien und Nordchina vor. Zu Sowjetzeiten hat die Regierung allerdings umfangreiche Schutzmaßnahmen eingeleitet, sodass sich die Bestände in Sibirien wieder erholt haben.

Aus der Taiga in den Käfig

Zwar werden auch heute noch Zobelpelze verkauft, die aber stammen meist nicht mehr aus freier Wildbahn. Zobelfarmen haben die Fallenjagd größtenteils abgelöst. Die Haltungsbedingungen in diesen Zuchtbetrieben kritisieren Tierschützer allerdings massiv. Denn die Marder leben dort in engen Drahtkäfigen, die oft ihre Pfoten verletzen und kaum Bewegungsfreiheit bieten. Diese Unterkünfte stehen dann auch noch dicht nebeneinander, sodass die Tiere ständig ihre Artgenossen vor der Nase haben. Das aber ist für einen Zobel keine artgerechte Lebensweise. Wie viele Marder sind sie Einzelgänger, sodass sie die Nähe von unzähligen Artgenossen als Stress empfinden. Zudem sind Zobel von Natur aus sehr agile Tiere, die in einem engen Gefängnis einfach nicht genug Bewegungsmöglichkeiten und Anregungen finden. Die Evolution hat die kleinen Jäger schließlich auf ein ganz anderes Leben vorbereitet.
Der natürliche Lebensraum dieser Marder ist die Taiga mit ihren dichten Nadelwäldern. Sie können sowohl dem Flachland als auch bergigen Regionen etwas abgewinnen, meiden aber die offenen Regionen oberhalb der Baumgrenze. Den größten Teil ihrer Zeit verbringen sie am Boden, wo sie auch

Zobel

auf die Jagd gehen. Kleine Säugetiere wie Mäuse, Erd- und Eichhörnchen oder Pfeifhasen landen dabei ebenso zwischen ihren scharfen Zähnen wie Vögel und der eine oder andere Fisch. Wie viele Marder haben auch Zobel eine Vorliebe für Eier. Auf Pflanzenkost dagegen greifen sie nur in Notzeiten zurück.

Vor allem im Winter, wenn eisige Schneestürme alle Jagdambitionen bremsen, kann es mit der Versorgung allerdings knapp werden. Für solche Fälle legen die Tiere in ihrem Erdbau Nahrungsvorräte an und bleiben einfach ein paar Tage gemütlich in diesem sicheren Versteck. Wer in einer harschen Gegend wie Sibirien lebt, muss sich eben für schlechtes Wetter wappnen.

Vielfraß

BIOLOGISCHER STECKBRIEF

Wissenschaftlicher Name
Gulo gulo

Familie
Marder (Mustelidae)

Heimat
Nördliches Eurasien, Nordamerika

Lebensraum
Tundra

Größe
Ohne Schwanz 65 bis 105 cm lang, bis 32 kg schwer

Nahrung
Aas, Huftiere, Nagetiere, Vögel, Eier, Pflanzenkost

Marder sind in der Regel eher kleine, zierliche und schlanke Raubtiere. Von diesem Bild muss man sich allerdings verabschieden, wenn man zum ersten Mal einen Vielfraß zu Gesicht bekommt. Denn der Körper dieses größten aller landlebenden Marder kann ohne Schwanz durchaus einen Meter lang werden und die Männchen bringen mitunter mehr als 30 Kilogramm auf die Waage. Weibchen sind mit bis zu 20 Kilogramm allerdings deutlich leichter. Auch wegen seines massigen Kopfes und der kräftigen, kurzen Beine wirkt der Vielfraß deutlich plumper als viele andere Marder. Seine Figur erinnert eher an einen Bären.

Vielfraß

Ein passender Name

Ein so großes Tier braucht natürlich einiges an Nahrung. Ihren Namen verdanken die Riesenmarder allerdings nicht etwa ihrem eindrucksvollen Appetit. Vielmehr ist „Vielfraß" eine falsche Übersetzung des skandinavischen Wortes „Fjellfräs". Und das hat nichts mit Fressen zu tun, sondern bedeutet einfach „Gebirgskatze". Vielfraße haben nämlich eine Vorliebe für Gebirgsregionen. Außerdem leben sie auch in nördlichen Nadelwäldern und in den baumlosen Mooren der Tundra. Ihr heutiges Verbreitungsgebiet erstreckt sich über Skandinavien und Nordsibirien, Alaska und Kanada bis in den Nordwesten der USA.

Obwohl er aus einem Übersetzungsfehler entstand, ist „Vielfraß" jedoch ein durchaus passender Name für diesen Bewohner nordischer Regionen. Denn er frisst tatsächlich so gut wie alles, was ihm vor die Schnauze gerät und nicht schnell genug wegläuft. Allerdings sieht sein Speiseplan im Sommer deutlich anders aus als im Winter. In der warmen Jahreszeit hat der massige Marder nämlich ein Problem. Ständig knacken Zweige und raschelt Laub unter seinen schweren Schritten und wenn er einen Bach überqueren will, verrät ihn das Platschen. Von lautlosem Anschleichen an mögliche Beutetiere kann er da nur träumen. Und da er auch nicht schnell und ausdauernd genug ist, um seine Opfer zu Tode zu hetzen, muss er seinen Magen mit eher langsamen Lebewesen füllen. Also frisst er ziemlich viel Aas, nimmt anderen Raubtieren ihre Beute weg und plündert Vogelnester. Auch Insektenlarven, Wühlmäuse

Vielfraß

Vielfraß

und Pflanzenkost sind willkommen. Und wenn er Glück hat, findet er irgendwo ein unbewachtes Elch- oder Rentierkalb.

Im Winter dagegen hat der Vielfraß bessere Chancen, auch als Jäger erfolgreich zu sein. Denn seine großen, pelzigen Füße tragen ihn wie Schneeschuhe durch die weiße Landschaft. Ohne einzusinken eilt er lautlos über den Schnee und kann so seine Beute überraschen. Zahlreiche Schneehasen, Schneehühner und Nagetiere fallen dieser Angriffstaktik zum Opfer. Doch auch viel größere Tiere wie Hirsche, Rentiere und Elche kann der kräftige Räuber überwältigen. Er springt ihnen einfach auf den Rücken, beißt ihnen ins Genick und bringt sie so zu Fall.

Vielfraß

Unbeliebte Zeitgenossen

Diese Angriffe auf viel größere Opfer waren menschlichen Beobachtern seit jeher etwas unheimlich. Zudem haben sich die Vielfraße bei Trappern und Rentierhaltern sehr unbeliebt gemacht, weil sie immer wieder Fallen plündern oder Haustiere reißen. Auch die Gewohnheit, in Häuser einzudringen, dort ein riesiges Chaos anzurichten und den unangenehmen Gestank ihres Markierungs- und Abwehrsekrets zu hinterlassen, hat den Kreis der Vielfraß-Fans nicht gerade vergrößert. Traditionell haben die großen Marder daher einen ziemlich schlechten Ruf. Die frühen Siedler Nordamerikas zum Beispiel verpassten ihnen den wenig schmeichelhaften Namen „Teufelsbären". Bis in jüngste Zeit wurden die Tiere intensiv gejagt. Einerseits wollte man sie so aus dem Verkehr ziehen, andererseits war auch ihr langes und dichtes Fell früher durchaus beliebt. Durch die Nachstellungen wurde der imposante Marder in vielen Regionen seines Verbreitungsgebiets ausgerottet.

Hermelin

Maulwürfen und Hamstern, Mäusen und Kaninchen. Warum schließlich selbst mühsam im Boden buddeln, wenn man die schweißtreibende Arbeit auch anderen überlassen kann? Wenn sich kein solches Domizil finden lässt, kann man ja immer noch in einem hohlen Baum oder unter Wurzelwerk Zuflucht suchen.

Ein Fell für Könige

So ein sicherer Unterschlupf ist für die kleinen Marder enorm wichtig. Denn sie sind nicht nur geschickte Jäger, sondern fallen selbst oft größeren Fleischfressern zum Opfer. Greifvögel und Eulen, Füchse und Dachse sorgen dafür, dass die Lebenserwartung eines Hermelins in freier Wildbahn nur bei etwa zwei Jahren liegt. Ohne dieses Heer von Feinden könnten es die Tiere durchaus auf sieben Jahre bringen. Um den ständig lauernden Zähnen und Schnäbeln möglichst lange zu entgehen,

Hermelin

haben sich die Hermeline für einen unauffälligen Pelz entschieden. Im Sommer haben sie einen braunen Rücken und eine helle Unterseite, im Winter sind sie bis auf ihre dunkle Schwanzspitze ganz weiß. Allerdings wechseln sie nicht in allen Teilen ihres Verbreitungsgebiets zweimal im Jahr ihr Tarnkleid. Während sie in wärmeren Regionen das ganze Jahr über braun bleiben, verlieren sie im

Hermelin

besonders schneereichen Norden nie ihre Winterfarbe. Genau wegen dieses schneeweißen Felles waren Hermeline früher äußerst begehrte Pelzlieferanten. Nur Adlige konnten sich Hermlinmäntel leisten und das weiße Fell mit den aufgenähten Schwanzspitzen zierte die Kleidung von Königen und Päpsten.

Mauswiesel

Die mit den Hermelinen nahe verwandten Mauswiesel haben sich im Lauf ihrer Geschichte zu echten Zwergen entwickelt. Je nach Region werden diese kleinsten aller Raubtiere nur zwischen 11 und 26 Zentimeter lang und zwischen 25 und 250 Gramm schwer. Sie haben die typische, lang gestreckte Marderform und bringen daher die perfekten Voraussetzungen für Ausflüge in enge Mäusegänge mit.

BIOLOGISCHER STECKBRIEF

Wissenschaftlicher Name
Mustela nivalis

Familie
Marder (Mustelidae)

Heimat
Europa, Nord- und Zentralasien, Mittelmeerregion, Nordafrika, Nordamerika

Lebensraum
Wiesen, Felder, Brachflächen, Waldränder

Größe
Ohne Schwanz 11 bis 26 cm lang, 25 bis 250 g schwer

Nahrung
Kleine Nagetiere, Kaninchen, Eier

Unterirdische Gefahr

Von Westeuropa bis nach Japan und China, rings ums Mittelmeer und in Nordafrika, im Norden der USA und in Kanada – nirgends können sich Mäuse und andere kleine Nagetiere in ihren Bauen wirklich sicher fühlen. Denn überall lauert

Mauswiesel

Mauswiesel

der Minijäger im braun-weißen Fell. Und wenn er seine Beute erst einmal entdeckt hat, ist es für Flucht meist zu spät. Mauswiesel beißen blitzschnell zu, das menschliche Auge kann dem rasanten Tempo nicht einmal folgen.

Die häufigsten Opfer der tödlichen Zähne sind verschiedene Mäuse. Wenn es davon nicht genug gibt, weichen die Tiere aber auch auf Vögel, Eier oder Eidechsen aus. Sogar Kaninchen können sie überwältigen – obwohl die Langohren fünf oder sogar zehn Mal so schwer werden wie die kleinen Räuber. Ein männlicher Löwe, der ein ähnliches Kunststück fertig bringen wollte, müsste schon mindestens eine Elefantenkuh töten. Die aber ist dann doch eine Nummer zu groß für ihn. Wenn er seine Zähne in den Schädel eines Nashorns oder Elefanten bohren wollte, müsste der Herrscher der Savanne wohl mit abgesplitterten Zähnen den Rückzug antreten. Die Zähne des Mauswiesels dagegen haben keine Schwierigkeiten, den Schädel eines Kaninchens zu durchbohren. Und wenn das gelungen ist, muss man ja auch nicht alles auf einmal fressen. Es kommen schließlich auch wieder schlechtere Zeiten, da kann ein Nahrungsvorrat nur praktisch sein. Mehrmals am Tag kehren die Miniräuber in ihr Depot zurück und fressen ein paar Bissen.

Bloß nicht dick werden!

Ihr Körper läuft nämlich immer auf Hochtouren und benötigt daher ständig Energienachschub. Das Herz eines Mauswiesels schlägt 500 Mal in der Minute, die Tiere wachsen in rasantem Tempo und werden schon mit drei Monaten

Mauswiesel

geschlechtsreif. Sie führen sozusagen ein Leben auf der Überholspur. Ihren schnellen Stoffwechsel brauchen sie unter anderem, um einen Nachteil ihres kleinen, lang gestreckten Körpers auszugleichen. Der nämlich hat eine sehr große Oberfläche und verliert deshalb schnell Wärme. Im Winter würden die Tiere daher schnell auskühlen, wenn sie nicht ständig Energie verbrennen würden. Aus dem gleichen Grund benötigen sie auch ein kuscheliges Nest, in dem sie sich von ihren Beutezügen ausruhen können, ohne dass der Kältetod droht. Praktischerweise übernehmen sie zu diesem Zweck einfach die Nester der erlegten Mäuse.

Ein gemütlicher Winterschlaf in einem solchen Refugium kommt allerdings nicht infrage. Schließlich müssen die Tiere ständig jagen, um ihren Energiebedarf zu decken. Zu allem Überfluss können sie sich für die kalte Jahreszeit ja nicht einmal einen Speckvorrat anfressen. Denn damit wäre ihre schlanke Figur ruiniert und die Jagdchancen lägen bei Null. Dick werden können sich Mauswiesel einfach nicht leisten.

Europäischer Nerz

Wer das Wort Nerz hört, denkt meist als erstes an einen Pelzmantel. Dass sich hinter dem Begriff ein früher in ganz Europa verbreiteter Marder verbirgt, ist ziemlich in Vergessenheit geraten. Denn der Europäische Nerz gehört heute zu den bedrohtesten Säugetierarten auf dem Kontinent. Nur in Russland gibt es noch einen größeren Bestand, ansonsten leben noch ein paar verstreute Exemplare in Westfrankreich, Nordspanien, Rumänien und Weißrussland. Insgesamt sollen nach Expertenschätzungen nur noch ein paar Tausend Tiere in freier Wildbahn unterwegs sein. Die Chance, einen der seltenen Räuber zu Gesicht zu bekommen, ist also sehr gering.

BIOLOGISCHER STECKBRIEF

Wissenschaftlicher Name
Mustela lutreola

Familie
Marder (Mustelidae)

Heimat
Europa

Lebensraum
Gewässerufer

Größe
Ohne Schwanz 28 bis 43 cm lang, 400 bis 740 g schwer

Nahrung
Nagetiere, Vögel, Fische, Amphibien, Krebse

Schwimmer auf dem Rückzug

In Mitteleuropa wurde der letzte der schokoladenbraunen Marder mit der weißen Schnauze schon im Jahr 1925 gefangen. Dieser einsame Vertreter seiner Art hatte sich im Tal des Flusses Aller in Niedersachsen niedergelassen. Für solche Lebensräume haben Europäische Nerze eine Vorliebe. Die zwischen knapp 30 und gut 40 Zentimeter langen Marder leben vor allem an dicht bewachsenen Ufern von Flüssen und Seen. Sie entfernen sich so gut wie nie

Europäischer Nerz

mehr als 100 Meter vom Wasser und ihre mit Schwimmhäuten ausgerüsteten Füße verraten, dass sie durchaus nichts gegen ein Bad einzuwenden haben. Nerze können sehr gut schwimmen und tauchen und gehen auch im Wasser auf Nahrungssuche. Zwar stehen landlebende Nagetiere wie Schermäuse ganz oben auf ihrem Speiseplan, doch auch Fische und Frösche, Krebse und Wasserinsekten sind eine willkommene Beute. Im Winter halten sie sogar Löcher in der Eisdecke von zugefrorenen Gewässern offen, um am Grund nach Fressbarem zu suchen. Dabei sind die geschickten Jäger vor allem in der Dämmerung und nachts unterwegs. Den Tag verschlafen sie in selbst gegrabenen oder von anderen Tieren übernommenen Erdhöhlen, auch in Felsspalten oder unter Baumwurzeln finden sie manchmal einen guten Unterschlupf.

Sein Faible für naturnahe Gewässer und deren Auen ist dem Europäischen Nerz allerdings beinahe zum Verhängnis geworden. Denn in ganz Europa gibt es heute nur noch wenige solche Marderparadiese. In Deutschland zum Beispiel hat der Mensch schon im 17. und 18. Jahrhundert angefangen, Feuchtgebiete trockenzulegen, Flüsse zu begradigen und Auwälder abzuholzen. Damit wurden die Lebensräume der Nerze und vieler anderer Auenbewohner zerstört. Heutzutage macht den Tieren auch der Bau von Kraftwerken und die Verschmutzung der Gewässer zu schaffen.

Europäischer Nerz

Konkurrenz aus Übersee

Doch es ist nicht allein das Verschwinden der Lebensräume, das zum Zusammenbrechen der Nerzpopulationen in Europa geführt hat. Zwar war das Fell der Tiere nie so wertvoll wie das des Amerikanischen Nerzes. Dennoch haben Jäger früher auch dem Europäischen Nerz massiv nachgestellt. Allein in der Sowjetunion sollen in den 1920er-Jahren jedes Jahr 50 000 Tiere gefangen worden sein.

Anders als sein entfernter amerikanischer Verwandter wird der Europäische Nerz allerdings nicht gezüchtet. In den Käfigen der europäischen Pelzfarmen, die das Material für die berühmten Mäntel liefern, sitzen daher ausschließlich Amerikanische Nerze. Und von dieser auch als Mink bekannten Art sind vor allem seit den 1950er-Jahren viele Exemplare aus ihren Gefängnissen ausgebrochen oder absichtlich freigelassen worden. Diese Flüchtlinge kamen mit den europäischen Lebensräumen gut zurecht, vermehrten sich und breiteten sich immer weiter aus. Damit aber hatte der Europäische Nerz schon wieder ein neues Problem am Hals. Der größeren und kräftigeren Konkurrenz aus Übersee war er einfach nicht gewachsen. Vielerorts hat der Amerikanische Nerz den Europäischen Nerz inzwischen verdrängt.

Europäischer Iltis

BIOLOGISCHER STECKBRIEF

Wissenschaftlicher Name
Mustela putorius

Familie
Marder (Mustelidae)

Heimat
Europa, außer in Irland, Nordskandinavien und auf einigen Mittelmeerinseln

Lebensraum
Waldränder, Felder und Wiesen, Gewässerufer, auch in Siedlungen

Größe
Ohne Schwanz bis 45 cm lang, 1 kg schwer

Nahrung
Kleine Säugetiere, Amphibien, Fische, Vögel

„Stinken wie ein Iltis" hat sich zu einer geflügelten Redensart entwickelt. Und tatsächlich hat dieser Ausdruck durchaus seine Berechtigung. Denn Europäische Iltisse haben Drüsen am Hinterteil, in denen sie ein weißliches, ekelhaft riechendes Sekret produzieren. Das hat ihnen auch den Beinamen „Stänker" oder „Stinkmarder" eingetragen. Iltisse sind typische Einzelgänger, die mithilfe dieser wenig einladenden Geruchsbotschaft ihr Revier abgrenzen. Sie zögern aber auch nicht, ihr Sekret als Abwehrwaffe einzusetzen. Wenn sie sich bedroht fühlen, spritzen sie mit hohem Druck einen stinkenden Strahl auf ihren Gegner. Aus bis zu einem halben Meter Entfernung treffen sie damit

Europäischer Iltis

problemlos. Einem wütenden oder ängstlichen Iltis zu nahe zu kommen, ist also keine gute Idee.

Talentierte Mäusejäger

Zu erkennen ist der so bewaffnete Marder an seiner typischen weißen Gesichtsmaske, die sich gut von seinem ansonsten dunkelbraunen oder schwarzen Fell abhebt. Der gedrungene Körper der Männchen wird ohne Schwanz etwa 45 Zentimeter lang und mehr als ein Kilogramm schwer, Weibchen sind kleiner und leichter. Iltisse sind nicht ganz so flink auf den Beinen wie etwa Hermeline, haben aber trotzdem keine Schwierigkeiten, ihre Beute zu erwischen. Da sie nicht besonders gut klettern können, sind sie meist am Boden unterwegs und schnüffeln dabei ständig nach Fressbarem.

Europäischer Iltis

Mäuse, Ratten und Spitzmäuse stehen ebenso auf ihrem Speiseplan wie Aas und die eine oder andere Beerenmahlzeit. Die Marder sind sehr geschickte Jäger, die ihre Beute durch einen gezielten Biss in den Nacken töten. Selbst Kaninchen, die leicht das doppelte Gewicht auf die Waage bringen wie sie selbst, können sie so überwältigen. Und wenn es Frösche und andere Amphibien zu erbeuten gibt, machen die Tiere von ihren hervorragenden Schwimm- und Tauchtalenten Gebrauch.

Ein Feld- und Wiesenmarder

Diese Nahrungsvorlieben verraten schon, wo sich Iltisse am liebsten aufhalten. Gute Lebensräume für die Marder sind Waldränder und Feld- und Wiesenlandschaften mit vielen Hecken und Gehölzen. Auch Flussufer sind beliebt, vor allem wenn sie dicht mit Pflanzen bewachsen sind. Denn Iltisse legen viel Wert auf gute Deckung. Schließlich haben die relativ kleinen Räuber durchaus selbst Feinde wie Füchse, Wildkatzen oder Greifvögel zu fürchten. Da sie vor allem in der Dämmerung und nachts unterwegs sind, benötigen sie Verstecke, in denen sie in Ruhe den Tag verschlafen können. Das können selbst gegrabene oder von anderen Tieren übernommene Erdbaue sein, aber auch Baumhöhlen, Holzstapel oder Entwässerungsrohre. Auch gegen menschliche Nachbarschaft haben die Tiere nichts einzuwenden. Schuppen, Scheunen oder Wochenendhäuser bieten willkommenen Unterschlupf und seinen Hunger kann der Marder gut auch an Schlachtabfällen oder Katzenfutter stillen.

Europäischer Iltis

Vom Nahrungsangebot hängt es auch ab, wie weit ein Iltis unterwegs ist. Bei Tieren, die im Schlaraffenland einer Müllhalde lebten, haben Wissenschaftler schon Streifgebiete von nur acht Hektar Größe nachgewiesen. Es gibt aber auch Artgenossen, die mehr als Tausend Hektar für ihre Aktivitäten beanspruchen. Den meisten Platz benötigen offenbar Männchen während der Paarungszeit. Diese Phase liegt bei Iltissen zwischen März und Juni. Etwa 40 Tage nach der Paarung bringen die Weibchen zwischen vier und acht Jungen zur Welt. Der anfangs nur etwa zehn Gramm schwere Nachwuchs entwickelt sich schnell. Schon mit drei Wochen kann er Fleisch fressen und hält seine Mutter mit seinem Aktivitätsdrang ziemlich auf Trab. Immer wieder muss sie ausgerissene Jungtiere wieder zurück ins Nest tragen. Der Vater beteiligt sich dagegen nicht an der Aufzucht.

Schwarzfußiltis

BIOLOGISCHER STECKBRIEF

Wissenschaftlicher Name
Mustela nigripes

Familie
Marder (Mustelidae)

Heimat
Nordamerika

Lebensraum
Prärie

Größe
Ohne Schwanz bis 50 cm lang, 0,7 bis 1,0 kg schwer

Nahrung
Präriehunde, andere kleine Säugetiere

Manchmal gelingt es wild entschlossenen Naturschützern, eine schon verloren geglaubte Art in letzter Minute doch noch zu retten. Eine solche Erfolgsgeschichte hat der Schwarzfußiltis in Nordamerika erlebt. Seine Wiederauferstehung hat ihn zu einem der bekanntesten Symbole des US-amerikanischen Naturschutzes gemacht.

Leben im Grasland

Schwarzfußiltisse sind typische Präriebewohner, die in früheren Jahrhunderten überall in den weiten Grasländern der USA und Kanadas lebten. An die dortigen Verhältnisse haben sich die schlanken Tiere mit dem lang gestreckten Körper perfekt angepasst. Sie haben ein gelbliches Fell, nur ihre

Schwarzfußiltis

Gesichtsmaske, die Füße und die Schwanzspitze sind dunkler gefärbt. Diese Zeichnung verschmilzt so perfekt mit der Prärielandschaft, dass man die Marder meist erst entdeckt, wenn sie sich bewegen. Ein solches Tier zu Gesicht zu bekommen, ist aber ohnehin nicht einfach. Denn Schwarzfußiltisse sind nicht nur sehr scheu, sondern auch nachtaktiv. Nur in den frühen Morgenstunden halten sie sich manchmal über der Erde auf, ansonsten verbringen sie den Tag in unterirdischen Bauen.

Ihre Pfoten sind mit scharfen Krallen ausgerüstet, die sich perfekt zum Graben eignen. Trotzdem legen sie ihre Behausungen meist nicht selbst an, sondern gestalten lieber die Baue von Präriehunden für ihre eigenen Zwecke um. Überhaupt spielen diese Nagetiere, die zu den Erdhörnchen gehören, im Leben der Schwarzfußiltisse eine wichtige Rolle. Ungefähr 90 Prozent der Mardernahrung besteht nur aus Präriehunden. Mit ihrem langen, schlanken Körper können die geschickten Jäger problemlos in die Baue der Nager krabbeln, wo sie ihre Opfer mithilfe ihres feinen Geruchssinns selbst in völliger Dunkelheit aufstöbern und töten. Wenn sie dann auch noch die Behausung der Opfer für sich selbst nutzen können, umso besser. Die tierischen Hausbesetzer verbringen einen guten Teil ihres Lebens in diesen eroberten Erdbauen. Sie haben dort ihren Schlafplatz, ihre Vorratskammer und ihre Kinderstube, finden Schutz vor Feinden und schlechtem Wetter. Und das alles verdanken sie allein den Präriehunden.

Schwarzfußiltis

Keine Nager, keine Marder

Ihre enge Bindung an diese Nagetiere aber wäre den Mardern um ein Haar zum Verhängnis geworden. Denn die Farmer des Mittleren Westens hatten für die grabenden Nager seit jeher wenig übrig. Man betrachtete sie als Landwirtschaftsschädlinge und rückte ihnen mit Giftködern zu Leibe. Anfang des 20. Jahrhunderts organisierte die US-Regierung einen regelrechten Ausrottungsfeldzug gegen die Tiere. In Texas brachen die Bestände daraufhin fast komplett zusammen und auch in anderen Bundesstaaten entging kaum ein Präriehund den Nachstellungen. Das Verschwinden seiner Beute blieb für den Schwarzfußiltis nicht ohne Folgen, zusätzlich wurde der Marder auch direkt verfolgt. War der schlanke Räuber noch Anfang des 20. Jahrhunderts weitverbreitet gewesen, hatte er schon in den 1960er-Jahren Seltenheitswert. Ende der 1970er-Jahre galt die Art in freier Wildbahn als ausgestorben.

Dann aber schleppte ein Farmhund im Nordwesten des Bundesstaats Wyoming im Jahr 1981 einen toten Schwarzfußiltis an. Elektrisiert begannen Biologen nach weiteren Vertretern der verschwunden geglaubten Art zu fahnden. Und tatsächlich wurde 1984 in der Nähe des Ortes Meeteetse noch ein kleiner Bestand von etwa 130 Tieren entdeckt. Seither läuft ein großes Zucht- und Wiederansiedlungsprogramm, dass den Präriebewohner auch in andere Teile seiner früheren Heimat zurückbringen soll. Teilweise ist das schon gelungen, es gibt wieder einige kleine Bestände in Wyoming, Montana, South Dakota und Arizona. Im Jahr 2005 lebten schätzungsweise wieder etwa 500 Tiere in freier Wildbahn.

Schwarzfußiltis

Amerikanischer Nerz, Mink

Der Amerikanische Nerz ist mit dem Europäischen Nerz nicht sehr nahe verwandt, kreuzen können sich die beiden Arten nicht. Trotzdem sehen beide Marder sehr ähnlich aus und auch was Verhalten, Nahrungsvorlieben und Lebensraumansprüche angeht, haben sie viele Gemeinsamkeiten.

Auch der Amerikanische Nerz ist ein Auenbewohner, der auf Wasser in seiner Nähe angewiesen ist. Im Winter frisst er

BIOLOGISCHER STECKBRIEF

Wissenschaftlicher Name
Neovison vison

Familie
Marder (Mustelidae)

Heimat
Ursprünglich USA und Kanada, heute auch in Europa und Asien

Lebensraum
Gewässerufer

Größe
Ohne Schwanz 30 bis 43 cm lang, 0,7 bis 2,5 kg schwer

Nahrung
Fische, Vögel, Eier, Nagetiere, Frösche, Krebse

sehr viel Fisch, im Sommer stehen vor allem Enten, Teich- und Blässhühner sowie andere Vögel auf seinem Speiseplan. Dabei kann er die Bestände mancher Vogelarten massiv dezimieren. In Großbritannien haben

Amerikanischer Nerz, Mink

Ornithologen beispielsweise große Verluste in den Kolonien von Küsten- und Flussseeschwalben, Möwen und Watvögeln festgestellt. Der vierbeinige Räuber hat es in solchen Kolonien nicht nur auf die gefiederten Opfer selbst abgesehen, sondern verspeist auch deren Eier. Daneben verschmäht er auch Nagetiere, Frösche und Krebse nicht.

Früher stellte der auch Mink genannte Amerikanische Nerz diesen Beutetieren nur in den USA und Kanada nach. Doch schon im 19. Jahrhundert begannen findige Amerikaner, die Tiere mit dem weichen, dichten Fell zu züchten und in Farmen zu halten. Der Mink wurde zum begehrten Pelzlieferanten, der in vielen verschiedenen Farbvarianten gezüchtet wurde. Die Palette reicht bis heute von Dunkelbraun und Schwarz über Stahlblau und Silber bis hin zu gelblichen Nuancen. Und da man diese Pelze nicht nur in Amerika schätzte und es nicht gelang, auch den Europäischen Nerz zu zähmen, wurde der Mink mit der Zeit zu einem echten Exportschlager. Seit etwa

Amerikanischer Nerz, Mink

1920 wurden die Tiere in Deutschland und vielen anderen europäischen Ländern gehalten, auch in Asien öffneten zahlreiche Nerzfarmen. Und überall entkamen immer wieder Tiere aus solchen Farmen in die Freiheit. Heute leben Amerikanische Nerze außer in ihrer ursprünglichen Heimat auch in vielen anderen Teilen der Welt.

Und wo immer sie auf ihren europäischen Verwandten treffen, hat der das Nachsehen. Denn der Mink ist zwar nicht unbedingt größer als der Europäische Nerz, dafür aber mit bis zu 2,5 Kilogramm Gewicht deutlich schwerer und kräftiger. Da kann er seinen europäischen Kollegen leicht aus seinem Revier vertreiben und ihm die Nahrung streitig machen. Auch gezielte Angriffe auf die andere Art haben Wissenschaftler schon beobachtet.

Amerikanischer Nerz, Mink

Tigeriltis

BIOLOGISCHER STECKBRIEF

Wissenschaftlicher Name
Vormela peregusna

Familie
Marder (Mustelidae)

Heimat
Osteuropa, Vorder- und Zentralasien bis nach China

Lebensraum
Baumlose Steppen, Heiden, Halbwüsten und Wüsten

Größe
Ohne Schwanz bis 38 cm lang, 370 bis 730 g schwer

Nahrung
Kleine Säugetiere, Vögel, Reptilien, Insekten

„Perewostschik", zu Deutsch etwa „Übersetzer", nennt der russische Volksmund den Tigeriltis. Hintergrund ist eine alte Legende, nach der sich die 30 bis knapp 40 Zentimeter langen Marder als Fährleute betätigen und mit Eichhörnchen oder Her-

Tigeriltis

melinen auf dem Rücken durch die großen sibirischen Ströme schwimmen.

In Wirklichkeit führt der Tigeriltis allerdings ein eher ganz normales Marderleben. Er bewohnt Steppen und Heidelandschaften, Halbwüsten und Wüsten vom Balkan und Vorderasien über den Süden Russlands und Zentralasien bis nach China. Dort hält er sich tagsüber meist in Erdbauen auf, die er entweder selbst gräbt oder anderen Tieren abspenstig macht. In der Dämmerung und nachts geht er auf die Jagd. Manchmal sucht er dann an der Erdoberfläche nach geeigneten Nagetieren, oft stellt er sich dabei auf die Hinterbeine, um einen besseren

Überblick zu haben. Da Tigeriltisse durchaus gut klettern können, sind Vögel und andere mögliche Opfer auch auf Bäumen nicht sicher.

Am liebsten aber stellt der schlanke Marder seiner Beute unter der Erde nach. Er folgt Rennmäusen und Wühlmäusen, Erdhörnchen und Hamstern in ihre Gänge und Bauten und bringt sie dort zur Strecke. Praktischerweise kann er dann auch noch die Behausung seiner Opfer als eigene Unterkunft beziehen. Wenn es reichlich Beute gibt, wie etwa in den großen Rennmauskolonien Kasachstans, können durchaus vier bis sechs erwachsene Tigeriltisse auf

Tigeriltis

einem Hektar Fläche leben. Meist kommen die Einzelgänger aber in geringeren Dichten vor – zumal ihre Bestände in einigen Teilen ihres Verbreitungsgebiets im 20. Jahrhundert massiv zurückgegangen sind.

Wehrhafter Marder im bunten Pelz
Den Grund für den Iltisschwund könnte man in dem originell gefärbten Fell der Tiere vermuten. Tigeriltisse haben einen dunkelbraunen Rücken mit einer auffälligen, gelben Zeichnung, der sie ihren Namen verdanken. Ihr Gesicht und die großen Ohren tragen ein apartes Schwarz-Weiß-Design. Diese auffällige Färbung ist wohl ein Warnsignal an Feinde. Beim Anblick eines Tigeriltis, der auch noch drohend die Zähne fletscht und das Fell sträubt, weichen selbst Wölfe und Luchse zurück – jedenfalls, wenn sie schon einmal eine unangenehme Begegnung mit einem solchen Tier hatten. Das unverwechselbare Fell erinnert sie wohl daran, dass ihr Gegenüber mit ekelhaft stinkenden Sekreten ausgerüstet ist und diese sehr effektiv zur Abwehr einsetzt.

Doch auch menschliche Jäger können dem interessant gefärbten Fell der Iltisse weniger abgewinnen. Es gilt als eher minderwertig und war daher im Handel nie so beliebt wie der Pelz von anderen Vertretern der Marderverwandtschaft. Die Jagd hat daher nur einen kleineren Teil zum Rückgang der Art beigetragen. Eine größere Rolle spielte die Umwandlung von Steppengebieten in Felder und die intensive Bekämpfung der Nagetiere. Denn dadurch verlor der Tigeriltis viele Lebensräume und Beutetiere.

Europäischer Dachs

Was seine Größe angeht, ist der Europäische Dachs der absolute Rekordhalter unter den mitteleuropäischen Mardern. Ein ausgewachsenes Männchen ist ungefähr 90 Zentimeter lang und bringt bis zu 20 Kilogramm auf die Waage. Weibchen sind etwas kleiner und leichter. Doch nicht nur

BIOLOGISCHER STECKBRIEF

Wissenschaftlicher Name
Meles meles

Familie
Marder (Mustelidae)

Heimat
Europa, Russland, China, Japan

Lebensraum
Wälder

Größe
Ohne Schwanz bis 90 cm lang, bis 20 kg schwer

Ernährung
Allesfresser

Europäischer Dachs

wegen seiner imposanten Gestalt kann man einen Dachs eigentlich mit keinem anderen Tier verwechseln. Besonders auffällig ist sein weißes Gesicht, in dem je ein schwarzer Streifen von der Nase bis zu den Ohren läuft. Ansonsten ist das Fell auf der Oberseite silbrig grau und am Bauch schwarz.

Gesellige Allesfresser

Im Vergleich zu vielen anderen Mardern wirkt ein Dachs eher plump. Entsprechend unterscheidet sich auch sein Lebensstil von dem der flinken, schlanken Jäger unter seinen Verwandten. Dachse sind Allesfresser, deren

Europäischer Dachs

Nahrung oft zu drei Vierteln aus Früchten, Knollen und Pilzen besteht. Diese Pflanzenkost reichern sie mit allem möglichen Kleingetier von Insekten, Würmern und Schnecken bis zu Mäusen, kleinen Hasen, Eiern und Jungvögeln an. Ein besonderes Faible aber haben sie für Regenwürmer. Auf ihren nächtlichen Streifzügen, bei denen sie bis zu elf Kilometer unterwegs sind, stöbern sie mit ihrer feinen Nase bis zu 500 dieser rosafarbenen Leckerbissen auf. In der Morgendämmerung kehren sie dann zu ihrer Unterkunft zurück.

Dachse leben vor allem in Wäldern und graben dort weitläufige Baue in den Boden. Anders als die meisten anderen Marder richten sie sich darin nicht allein ein, sondern haben ein ausgesprochen geselliges Wesen. Die meisten Dachse leben in Clans mit 10 bis 25 Mitgliedern zusammen. Entsprechend groß muss ein Dachsbau sein. Er besteht aus etlichen Wohnkammern, in denen jeweils zwei bis drei Tiere den Tag verschlafen. Anders als Füchse haben es Dachse gern bequem und polstern diese Höhlen daher mit Gras, Moos und anderen Pflanzen aus. Manchmal schleppen sie aber auch andere interessante Gegenstände in ihre unterirdische Behausung. In einem Dachsbau wurden beispielsweise 250 Golfbälle gefunden. Die Wohnkammern sind untereinander und mit der Erdoberfläche durch ein kompliziertes System von Gängen verbunden. Manche dieser Dachsstädte erreichen gewaltige Ausmaße. In England haben Wissenschaftler beispielsweise einen Bau mit 180 Eingängen, knapp 900 Meter Tunnel und 50 Kammern entdeckt. Generationen von Dachsen müssen daran gearbeitet haben. Zwar sind die Tiere mit ihren kräftigen Krallen und den

Europäischer Dachs

verschließbaren Nasenlöchern perfekt an die unterirdische Buddelei angepasst. Doch die Mühe, ein ausgedehntes Gangsystem immer wieder neu zu graben, machen sie sich trotzdem nicht. Stattdessen wird der vorhandene Bau einfach immer wieder erweitert. Die Töchter eines Dachspaars bleiben oft im Bau der Eltern und legen sich einfach eine neue Kammer an. Auf diese Weise werden manche Baue über Jahrzehnte oder sogar Jahrhunderte genutzt. Allerdings wechseln die Tiere zwischendurch immer wieder einmal die Wohnkammer – vermutlich um Flöhen und anderem Ungeziefer aus dem Weg zu gehen.

Duftender Personalausweis

Der männliche Nachwuchs wird dagegen vom Herrscher des Dachsbaus irgendwann ebenso vertrieben wie Eindringlinge aus anderen Clans. Denn auch die Geselligkeit der Dachse hat ihre Grenzen. In Taschen unter seinem Schwanz produziert das dominante Männchen einen Duftstoff, den es an den Grenzen seines Territoriums und im Fell der Clanmitglieder verschmiert. Jeder Clan hat so einen eigenen Duft, an denen die rechtmäßigen Bewohner eines Dachsbaus leicht zu erkennen sind.

Untermieter anderer Arten dagegen dulden die großen Marder mitunter. Manchmal bewohnen Füchse und Dachse einen gemeinsamen Bau. Das allerdings wurde den Dachsen zeitweise zum Verhängnis. Denn bis in die 1970er-Jahre wurden viele Fuchsbaue begast, um die gefürchteten Tollwutüberträger

Europäischer Dachs

zu bekämpfen. Dabei kamen damals auch zahlreiche Dachse ums Leben. Inzwischen haben sich viele Bestände aber wieder erholt.

Honigdachs

BIOLOGISCHER STECKBRIEF

Wissenschaftlicher Name
Mellivora capensis

Familie
Marder (Mustelidae)

Heimat
Afrika, Asien, außer in Wüsten und Regenwäldern

Lebensraum
Grasland, Steppen, gemäßigte Wälder, Gebirge

Größe
Ohne Schwanz bis 1 m lang, bis 14 kg schwer

Nahrung
Fleisch von allen möglichen Beutetieren, Eier, Honig

In großen Teilen Afrikas und Asiens lebt ein Marder, der mit einem ähnlich stämmigen und kräftigen Körper aufwarten kann wie der Europäische Dachs. Honigdachse werden bis zu einem Meter lang und 14 Kilogramm schwer. Ansonsten aber unterscheiden sie sich in Aussehen, Verhalten und Erbgut so deutlich von ihren europäischen Verwandten, dass Biologen sie in eine eigene Unterfamilie eingeordnet haben.

Wehrhafte Helden

Honigdachse haben ein breites Gesicht mit kurzer Schnauze und kleinen Augen, ihre Ohren sind von außen nicht zu sehen. Ihr silbrig-grauer Rücken

Honigdachs

hebt sich scharf vom dunkelbraun oder schwarz gefärbten Rest ihres Körpers ab. Dieses ungewöhnliche Design macht sie zu einer sehr auffälligen Erscheinung. Das können sie sich aber auch leisten, denn außer dem Menschen haben sie so gut wie keine natürlichen Feinde. Die Tiere gelten als äußerst wehrhaft und aggressiv, ihre langen Krallen und die scharfen Zähne sind sehr wirkungsvolle Waffen. Zudem können sie ähnlich wie Iltisse und Stinktiere so gut wie jeden Gegner mit einem unangenehm riechenden Sekret in die Flucht schlagen. Und auch ihre sehr dicke und lose sitzende Haut ist bei Konflikten nützlich. Denn sie wirkt wie ein Schutzpanzer, den selbst die Stacheln von Stachelschweinen und die Zähne von Raubkatzen und Giftschlangen nicht durchdringen können. All dieser Stärken sind sich die Tiere offenbar durchaus bewusst, Angst scheinen sie jedenfalls nicht zu kennen.

Honigdachs

Wenn sie sich bedroht fühlen, attackieren sie selbst Gegner von der Größe eines Büffels. Auch ihren Artgenossen scheinen Honigdachse nicht besonders viel abgewinnen zu können, sie sind jedenfalls deutlich weniger gesellig als ihre europäischen Verwandten. Die meisten Tiere leben als Einzelgänger, ab und zu schließen sich aber auch Pärchen oder kleine Gruppen zusammen. Auch diesen Mini-Wohngemeinschaften genügt aber ein relativ kleiner und einfacher Bau, der nur wenige Meter lang ist und eine Kammer ohne weiche Polsterung hat. Manchmal begnügen sich die Tiere auch mit Felsspalten oder Baumhöhlen als Unterkunft. Dort verbringen sie den Tag, bevor sie in der Dämmerung zu ihren nächtlichen Beutezügen aufbrechen. Anders als Europäische Dachse haben Honigdachse kein besonderes Faible für Pflanzenkost, sie gehen lieber auf die Jagd nach Nagetieren oder dem Nachwuchs von größeren Arten wie Antilopen, Füchsen, Wildkatzen und Schakalen. Daneben fressen sie Vögel und

Honigdachs

deren Eier, Frösche und Fische, Insekten und Schildkröten. Auch mit kleinen Krokodilen von bis zu einem Meter Länge werden sie problemlos fertig. Und sogar bis zu drei Meter lange Pythons und gefährliche Giftschlangen wie Kobras, Schwarze Mambas und Puffottern stehen auf ihrem Speiseplan.

Honigfreunde

Am bekanntesten aber sind die Tiere wegen ihrer Vorliebe für Honig. Mit seinen scharfen Krallen hat der Honigdachs keine Schwierigkeiten, ein Bienennest aufzubrechen, um an die süße Leckerei heranzukommen. Eine beliebte Geschichte erzählt, dass der Marder zu diesem Zweck mit kleinen Vögeln aus der Familie der Honiganzeiger zusammenarbeitet. Diese mit den Spechten verwandten Tiere sind ebenfalls an Bienennestern interessiert, können aber zumindest größere Stöcke nicht aus eigener Kraft öffnen. Deshalb sind sie auf einen ungewöhnlichen Trick verfallen. Mit Rufen und auffälligem Verhalten versuchen sie, einen Menschen auf sich aufmerksam zu machen und ihn hinter sich her zu locken. Wenn das klappt, führen sie ihn zu einem ihnen bekannten Bienennest und setzen darauf, dass der zweibeinige Helfer es aufbricht. Zwar wird dieser dann den Honig mitnehmen, für den Vogel aber bleiben immer genügend Waben und Bienenlarven übrig. Angeblich tun sich die Honiganzeiger bei ihren Beutezügen aber nicht nur mit Menschen zusammen, sondern auch mit Honigdachsen. Wirkliche Beweise dafür gibt es allerdings nicht, sodass manche Wissenschaftler solche Berichte mehr für Legenden halten.

Silberdachs

BIOLOGISCHER STECKBRIEF

Wissenschaftlicher Name
Taxidea taxus

Familie
Marder (Mustelidae)

Heimat
Nordamerika

Lebensraum
Prärie, Grasland, Viehweiden

Größe
Ohne Schwanz bis 72 cm lang, bis 12 kg schwer

Nahrung
Nagetiere, Vögel, Eier, Reptilien, Insekten

Auch Nordamerika hat seine eigene Dachsart. Der bis zu 70 Zentimeter große und zwölf Kilogramm schwere Silberdachs lebt vor allem in den Prärielandschaften des Mittleren Westens. Genetische Untersuchungen zeigen allerdings, dass diese Marder nicht sehr nahe mit den Dachsen Europas und Asiens verwandt sind, sondern zu einer eigenen Unterfamilie gehören.

Wie alle Dachse sind auch diese Tiere ziemlich stämmig, ihr Körper wirkt dabei eher breit als hoch. Sie haben ein ziemlich langes, graues Fell, das am Rücken dunkler und am Bauch heller gefärbt ist. Im Kontrast dazu sind die Beine meist dunkelbraun oder schwarz. Besonders auffällig aber ist das schwarz-weiße Gesicht mit einem besonders langen weißen Streifen, der sich von der spitzen Nase Richtung Rücken zieht.

Silberdachs

Vom Äußeren her sehen die Silberdachse ihren europäischen Verwandten also durchaus ähnlich. Ihr Verhalten aber unterscheidet sich deutlich. Zum einen können sie der Gesellschaft ihrer Artgenossen überhaupt nichts abgewinnen und leben lieber allein. Zum anderen sind sie für vegetarische Kost kaum zu haben. Der wichtigste Posten auf ihrem Speisezettel sind grabende Nagetiere, die sie mit ihren langen Krallen aus dem Boden buddeln. Daneben fressen sie aber auch Vögel und Eier, Schlangen und Insekten, die sie auf ihren nächtlichen Streifzügen erbeuten. Es gibt Gerüchte, dass Silberdachse manchmal mit Kojoten zusammenarbeiten, um leichter Beute machen zu können. In Wirklichkeit ist es wohl eher so, dass die Kojoten die grabenden Marder schamlos ausnutzen. Sie warten einfach darauf, bis diese bei ihrer Buddelei Nagetiere aufscheuchen, die sie dann problemlos fangen können.

Silberdachs

Den Tag verbringen Silberdachse in selbst gegrabenen Bauen mit einer bequemen, mit Blättern ausgepolsterten Schlafkammer. Anders als ihre europäischen Verwandten benutzen sie diese Unterkünfte aber nicht lange. Spätestens nach einem Monat ziehen sie in ein neues Domizil um. Da sie ihre Baue auch auf Viehweiden anlegen, sind sie bei den Farmern des Mittleren Westens nicht sonderlich beliebt. Denn immer wieder verlieren weidende Rinder plötzlich den Boden unter den Hufen, wenn sie durch die relativ dünne Decke eines Silberdachsbaus brechen. Dabei kann sich das Vieh durchaus die Beine brechen. Bis heute wird deshalb der eine oder andere Silberdachs von Farmern getötet. Das Überleben der Art aber scheint bisher nicht gefährdet – im Gegenteil: Im 19. und 20. Jahrhundert haben die Tiere sogar neue Bundesstaaten wie Ontario und Ohio erobert.

Eurasischer Fischotter

BIOLOGISCHER STECKBRIEF

Wissenschaftlicher Name
Lutra lutra

Familie
Marder (Mustelidae)

Heimat
Europa, Asien

Lebensraum
Gewässer und Ufer

Größe
Ohne Schwanz bis 90 cm lang, bis 12 kg schwer

Nahrung
Fische, Bisamratten, Schermäuse, Frösche, Flusskrebse

„Sein Leben ist von so eigenthümlicher Art, dass es jeden Naturfreund fesseln muss. Er gehört unbedingt zu den anziehendsten Thieren unseres Erdtheiles." Der Zoologe Alfred Brehm, der diese Beschreibung 1867 in seinem berühmten „Thierleben" veröffentlichte, hatte den Fischotter offenbar ins Herz geschlossen. Ansonsten aber hatte der auf das Leben in Flüssen, Bächen und Seen spezialisierte Marder zur damaligen Zeit kaum Freunde. Es kursierten allerlei wenig vorteilhafte Gerüchte über den geschickten Schwimmer, angeblich brachte er sogar Lämmer um und ertränkte Jagdhunde. Sein Faible für Fische machte den Wassermarder außerdem zu einem unliebsamen Konkurrenten, den man am besten tötete.

Eurasischer Fischotter

Bedrohte Fischfans

Schon im Mittelalter wurden zahlreiche Fischotter mit Hunden gejagt und mit Spießen erstochen. Da die im Wasser lebenden Räuber nach kirchlicher Definition als Fisch galten, konnte man die erlegten Tiere praktischerweise auch gleich noch als erlaubte Speise für die Fastenzeit

verwenden. Und der Pelz der Tiere war lange ein wertvolles und äußerst beliebtes Material für Mützen und Mäntel. Denn mit 50 000 Haaren pro Quadratzentimeter Haut ist das Fell eines Fischotters extrem dicht und kälteabweisend. Der Anreiz, die Tiere zur Strecke zu bringen, war also gleich aus mehreren Gründen sehr hoch.

Die Nachstellungen aber blieben nicht ohne Folgen. Zwar war der Fischotter ursprünglich in fast ganz Europa und großen Teilen Asiens zu Hause, sein Verbreitungsgebiet reichte von Skandinavien bis nach Indien. Doch die immer intensivere Jagd ließ im 20. Jahrhundert viele Bestände zusammenbrechen. Inzwischen steht die Art aber in den meisten Ländern unter Schutz, in Deutschland ist die Jagd auf Fischotter seit 1968 verboten. Das war allerdings nicht das Ende aller Probleme für den Wassermarder. Denn er litt nicht nur

Eurasischer Fischotter

unter direkten Nachstellungen, sondern auch unter der Zerstörung seines Lebensraums. Zahlreiche mäandrierende Bäche und Flüsse wurden begradigt und verbaut, die Ufergehölze wurden gefällt, Feuchtgebiete trockengelegt. Zudem machten den Tieren Schadstoffe im Wasser zu schaffen. Schwermetalle Schädlingsbekämpfungsmittel und andere Chemikalien reichern sich im Körper der Fischfresser an. So belastete Tiere können mitunter keinen Nachwuchs mehr bekommen. Zur Gefährdungsursache Nummer eins aber hat sich inzwischen der Straßenverkehr entwickelt. Auf seinen relativ kurzen Beinen ist der Fischotter einfach nicht schnell genug, um beim Überqueren einer Straße den heranrauschenden Fahrzeugen auszuweichen.

Leben im Eis

Trotz allem aber beginnt sich der Fischotter beispielsweise vor allem in den östlichen Bundesländern wieder zu erholen. Zwar soll es Anfang des 21. Jahrhunderts bundesweit nur etwa 700 Tiere geben, das ist vielleicht ein Prozent des ursprünglichen Bestands. Doch dank umfangreicher Schutzmaßnahmen nehmen die

Eurasischer Fischotter

schwimmenden Marder in Sachsen, Brandenburg und Mecklenburg-Vorpommern seit etwa 1990 wieder zu. Und auch in manchen Regionen Westdeutschlands tauchen die possierlichen Wasserbewohner wieder häufiger auf.

Zu sehen bekommt man sie allerdings nur selten. Denn viele Fischotter sind nachtaktiv, nur wenn sie sich völlig ungestört fühlen, gehen sie auch am Tag auf die Jagd nach Fischen, Schermäusen, Bisamratten oder Flusskrebsen. Wenn sie solchen Opfern nachstellen, zeigen sie ihr ausgezeichnetes Schwimmtalent. Ihr für einen Marder ungewöhnlich langer Schwanz hilft ihnen beim Steuern und beim Stabilisieren des Körpers, sodass sie im Wasser sehr wendig sind. Außerdem können sie bis zu 18 Meter tief tauchen und acht Minuten lang unter Wasser bleiben. Also haben sie kein Problem damit, ihre Behausung nur mit angehaltenem Atem erreichen zu können. Fischotter graben ihre Baue in das Gewässerufer und legen die Zugänge meist unter der Wasserlinie an. Die mit einem Belüftungsschacht versehene Wohnkammer liegt allerdings ein gutes Stück weiter oben, sodass sie auch bei Hochwasser angenehm trocken bleibt. So weit, dass sie auch beim Schlafen einen feuchten Pelz haben wollen, geht die Vorliebe für das nasse Element dann doch nicht.

Riesenotter

Ein Fabelwesen schien noch Anfang des 20. Jahrhunderts durch Reiseberichte aus Südamerika zu geistern. Angeblich tummelten sich in den Regenwaldflüssen ganze Gruppen riesenhafter Otter – und das auch noch tagsüber. Wo doch die Fischotterverwandtschaft sonst überwiegend aus scheuen, nachtaktiven Einzelgängern besteht. Nichts aus diesen Beschreibungen passte zu dem Bild, das Wissenschaftler von Ottern hatten.

BIOLOGISCHER STECKBRIEF

Wissenschaftlicher Name
Pteronura brasiliensis

Familie
Marder (Mustelidae)

Heimat
Tropisches Südamerika

Lebensraum
Gewässer im Regenwald

Größe
Mit Schwanz bis 2 m lang, bis 30 kg schwer

Nahrung
Fische

Bedrohte Riesen

Inzwischen ist längst klar, dass die Riesenotter des Amazonas-Regenwalds keineswegs Hirngespinste von fiebergeschüttelten Reisenden sind. Es handelt sich zwar um ungewöhnliche, aber durchaus reale Tiere. Allerdings dauerte es noch bis Anfang der 1990er-Jahre,

Riesenotter

bis mehr über die Biologie der geheimnisvollen Flussbewohner bekannt wurde. Christof Schenck von der Zoologischen Gesellschaft Frankfurt und seine Frau Elke Staib verbrachten damals mehrere Jahre im peruanischen Regenwald, um einen Blick hinter die Kulissen des Otteralltags zu werfen.

Rasch wurde klar, dass die Forschungsobjekte der beiden Biologen keineswegs häufig waren. Zu wertvoll waren die riesigen, dichten Otterfelle, als dass ihre vierbeinigen Besitzer unbehelligt geblieben wären. Mitte des 20. Jahrhunderts wurden die Pelze zu Tausenden aus Brasilien und Peru exportiert. Für viele Jäger war das eine äußerst lukrative Einnahmequelle. Sie standen vor der

Riesenotter

Alternative, entweder ein halbes Jahr zu arbeiten oder einen Otter zu schießen. Da fiel die Entscheidung nicht besonders schwer. Seit 1973 ist der Handel mit Fellen und lebenden Riesenottern durch das Washingtoner Artenschutzabkommen verboten. Dennoch haben Christof Schenck und Elke Staib in Peru immer wieder illegal geschossene Tiere entdeckt. Und ihre „Otter-Volkszählung" ergab, dass sich die Bestände vielerorts auch nach Jahrzehnten noch nicht von den Jagdexzessen erholt hatten. Den gesamten Bestand in Südamerika schätzten die beiden Forscher auf weniger als 5000 Tiere. Im peruanischen Manu-Nationalpark, der fast halb so groß ist wie die Schweiz, lebten gerade einmal 65 Riesenotter in den Altarmen der großen Flüsse.

Wölfe im Fluss
Diese vom eigentlichen Strom abgeschnittenen stehenden Gewässer sind im Gegensatz zum Rest des Regenwalds relativ nährstoffreich. Blätter, Früchte und Insekten, die aus dem Kronendach hineinfallen, ernähren ganze Schwärme von Fischen. Dieser reich gedeckte Tisch könnte einige rätselhafte Besonderheiten der Riesenotter erklären. Wie etwa schaffen sie es, so groß zu werden? Schließlich sind die Säugetiere im nährstoffarmen südamerikanischen Regenwald normalerweise eher kleiner als ihre Verwandten in anderen Teilen der Welt. Die Riesenotter aber werden mit bis zu zwei Meter Länge größer als alle anderen zwölf Otterarten. „Eigentlich würde jeder Otter gern groß werden, das hat bei wasserlebenden Säugetieren seine Vorteile", erläutert Christof Schenck. Denn je größer ein Tier ist,

Riesenotter

desto kleiner ist seine Oberfläche im Vergleich zum Volumen. Und bei kleiner Oberfläche kühlt der Körper im Wasser nicht so schnell aus. Zudem bietet Größe Schutz vor anderen Raubtieren. Da man einen großen Körper aber auch ernähren muss, haben es die Otter in den meisten Lebensräumen nicht zum Riesenwuchs gebracht. Doch die reiche Beute in den Altarmen der Regenwaldflüsse versorgt auch schwimmende Giganten – und ermöglicht zudem ein Leben in Gruppen. Andere Raubtiere des Regenwalds wie die Jaguare können sich Geselligkeit nicht leisten, weil ihre Beute zu weit verstreut durch den Wald streift. Fisch aber gibt es genug, um zu teilen. Und es hat schon seine Vorteile, wenn man mit vereinten Kräften auf die Jagd gehen kann. Auch bei der Aufzucht der Jungen zahlt sich das Gruppenleben aus. Während die Mütter nämlich ihren in der Säugezeit enormen Fischbedarf decken, passen ältere Geschwister auf den jüngeren Nachwuchs auf. Dieses ausgefeilte Sozialsystem der Riesenotter erinnert ein wenig an das von Wölfen. Entsprechend heißen die Tiere auf Spanisch auch „Lobos de Río", die „Wölfe der Flüsse".

Kapotter

BIOLOGISCHER STECKBRIEF

Wissenschaftlicher Name
Aonyx capensis

Familie
Marder (Mustelidae)

Heimat
Afrika südlich der Sahara

Lebensraum
Gewässer

Größe
Bis 1,3 m lang, bis 25 kg schwer

Nahrung
Fische und andere Wassertiere

Auch in Afrika gibt es mehrere Otterarten. Der Kapotter zum Beispiel lebt in riesigen Gebieten südlich der Sahara, sein Verbreitungsgebiet reicht vom Senegal an der afrikanischen Westküste bis nach Äthiopien im Osten des Kontinents und bis nach Südafrika ganz im Süden. Er bewohnt dort alle möglichen Landschaften: Regenwäldern kann er ebenso viel abgewinnen wie Küstengebieten oder Halbwüsten. Hauptsache der Lebensraum bietet Gewässer, die das ganze Jahr hindurch nicht austrocknen. Seen und schlammige Flüsse sind bei den Tieren besonders beliebt, doch auch an Meeresküsten kommen die geschickten Schwimmer vor.

Kapotter sind ziemlich große Tiere, die etwa 1,3 Meter lang werden und es im Durchschnitt auf 12 bis 18 Kilogramm Gewicht bringen. Einige Männchen werden sogar 25 Kilogramm schwer. Damit sind sie deutlich größer und schwerer

Kapotter

als die Fischotter Europas. Die kräftigen Marder haben ein dickes Fell in verschiedenen Tönen zwischen Schokoladenbraun und Hellbraun, der Bauch ist deutlich heller gefärbt. Am auffälligsten aber sind die Pfoten, deren Bau in ihrer Verwandtschaft einzigartig ist. Von den langen Krallen anderer Marder haben die Kapotter nur kleine Reste behalten, die an menschliche Fingernägel erinnern. Zudem sind ihre Zehen nicht wie bei anderen Ottern durch Schwimmhäute verbunden und sehen daher aus wie Finger. Wegen dieser Besonderheit haben Biologen den Kapotter und den nahe verwandten Kleinkrallenotter Zentralafrikas in eine eigene Gattung namens „Fingerotter" eingeordnet.

Kapotter

Tasten und Greifen

Ohne Krallen können die Tiere natürlich schlecht graben, sodass sie im Gegensatz zu vielen ihrer Verwandten keine Erdbaue anlegen können. Stattdessen suchen sie sich Ruheplätze unter Felsen oder in dichter Vegetation. Dort verbringen die meist tagaktiven Marder die Mittagshitze im Schatten, bevor sie zum nächsten Jagdausflug wieder ins Wasser gehen. Kapotter interessieren sich für eine ganze Reihe von verschiedenen Beutetieren. Sie fressen Fische und Krebse, Frösche und Reptilien, Enten und kleinere Säugetiere. Auch Muscheln und die Eier von Vögeln und Krokodilen sind beliebt. Bei der Suche nach Nahrung und beim Fressen selbst sind die krallenlosen Finger sehr praktisch. In klarem Wasser entdecken die Tiere ihre Beute zwar mit den Augen, zusätzlich aber tasten sie auch im Schlamm des Gewässergrunds nach Fressbarem. Ihre Finger haben dabei nicht nur einen sehr empfindlichen Tastsinn, sondern sind auch sehr geschickt. Die Otter können damit sehr gut nach Beute greifen, sie festhalten und ins Maul stecken. Dabei nutzt allerdings nicht jedes Tier die gleiche Technik: Genau wie bei Menschen gibt es bei Kapottern Rechts- und Linkshänder.

Kapotter

Zwergotter

BIOLOGISCHER STECKBRIEF

Wissenschaftlicher Name
Amblonyx cinereus

Familie
Marder (Mustelidae)

Heimat
Südostasien

Lebensraum
Gewässer

Größe
Bis 60 cm lang, bis 6 kg schwer

Nahrung
Muscheln, Schnecken, Krebse

Das kleinste Mitglied der Otterverwandtschaft lebt in Südostasien. Der Zwergotter wird gerade einmal 60 Zentimeter lang und bringt höchstens fünf bis sechs Kilogramm auf die Waage. Sein Fell ist auf dem Rücken grau oder dunkelbraun gefärbt, Gesicht und Bauch schimmern heller. Genau wie die Fingerotter in Afrika hat auch der Zwergotter geschickte Finger ohne größere Krallen und Schwimmhäute. Damit tastet er im Schlamm sehr gewandt nach Nahrung und steckt sich die gefundene Beute ins Maul.

Zwergotter

An diesem für einen Otter ungewöhnlichen Talent erkennen Biologen, dass Zwerg- und Fingerotter eng verwandt sind.

Wie die afrikanische Sippschaft lebt auch der Zwergotter in der Nähe von Flüssen, Flussmündungen und Meeresküsten, vor allem in Regionen mit dichter Vegetation. Manchmal ist er sogar in überschwemmten Reisfeldern unterwegs. Anders als die Fingerotter aber fressen die kleinen Verwandten kaum Fisch. Stattdessen stehen vor allem Schnecken, Muscheln und Krebse auf dem Speiseplan. An diese Nahrung haben die Tiere im Lauf ihrer Entwicklungsgeschichte auch ihr Gebiss angepasst, mit ihren kräftigen Zähnen können sie die harten Schalen und Panzer ihrer Opfer problemlos aufknacken.

Es gibt aber auch noch eine andere Besonderheit, die Zwergotter von ihren afrikanischen Verwandten unterscheidet. Während diese wie die meisten Otter eher Einzelgänger sind, haben die kleinen südostasiatischen Marder ein ausgesprochenes Faible für Gesellschaft. Die Tiere leben in Gruppen mit bis zu zwölf Mitgliedern zusammen, die häufig miteinander spielen und sich mit einer Sprache aus Lauten und Gerüchen die unterschiedlichsten Botschaften übermitteln.

Seeotter

BIOLOGISCHER STECKBRIEF

Wissenschaftlicher Name
Enhydra lutris

Familie
Marder (Mustelidae)

Heimat
Amerikanische und asiatische Küsten des Nordpazifiks

Lebensraum
Meer

Größe
Bis 1,5 m lang, bis 40 kg schwer

Nahrung
Muscheln, Schnecken, Seeigel, Krebse, Fische, Tintenfische

Ihre massige Figur und ihr extravaganter Lebensstil machen die Seeotter zu den wohl ungewöhnlichsten Vertretern ihrer Verwandtschaft. Mit bis zu 1,5 Meter Länge sind sie zwar ein Stück kürzer als die Riesenotter Südamerikas, dafür halten sie aber den Gewichtsrekord unter den Mardern: Männchen können durchaus 40 Kilogramm auf die Waage bringen. Damit sind sie zwar die Giganten unter den Mardern, aber immer noch die Zwerge in ihrem Lebensraum: Seeotter gelten als die kleinsten Meeressäugetiere.

Anders als die meisten ihrer Verwandten haben sich diese Otter für ein reines Meeresleben entschieden. Ihr Körper ist daran perfekt angepasst. Die Tiere haben besonders kräftige Hinterbeine mit großen Schwimmhäuten und einen

Seeotter

Seeotter

abgeplatteten Schwanz, der beim Steuern hilft. Zudem gehören sie zu den wenigen Arten, die unbeschadet Salzwasser trinken können. Ihre leistungsfähigen Nieren scheiden das überschüssige Salz einfach wieder aus. Auch das besonders dichte Fell der Seeotter ist im Meer sehr nützlich. Es hält so gut warm, dass sie nicht einmal eine isolierende Speckschicht benötigen, um nicht auszukühlen.

Seeotter

Dabei sind sie nicht etwa nur in besonders angenehm temperierten Gewässern zu Hause. Seeotter leben vor den Küsten Alaskas bis hinunter zur kalifornischen Pazifikküste. Eine andere Unterart tummelt sich zudem vor den Kommandeursinseln, den Kurilen, Kamtschatka und anderen asiatischen Küsten des Nordpazifiks. Früher waren die Tiere deutlich weiter verbreitet. Doch viele Bestände starben aus, weil die Tiere wegen ihres wertvollen Pelzes bis Anfang des 20. Jahrhunderts intensiv gejagt wurden.

Marder mit Werkzeug

Der perfekte Lebensraum für die Seeotter sind die großen Tangwälder vor der amerikanischen Küste, in denen es reichlich Nahrung gibt. Dort verbringen sie fast ihr ganzes Leben im Wasser. Oft sieht man sie auf dem Rücken in den Wellen treiben – eine Stellung, in der sie ebenso gut schlafen wie sich paaren oder ihrem Nachwuchs das Fell pflegen können. Und auch beim Fressen kann die Rückenlage sehr praktisch sein. Dann haben die Tiere die Vorderpfoten frei und können damit ihre Beute mundgerecht zubereiten. Seeotter gehören schließlich zu den wenigen Tieren, die für den geschickten Einsatz von Werkzeugen bekannt sind. Denn die Lieblingsnahrung der schwimmenden Marder besteht vor allem aus Tieren mit harten Schalen. Um an das schmackhafte Innere von Schnecken, Muscheln und Seeigeln zu kommen, legen sich die Otter einen Stein auf den Bauch und schlagen die Beute darauf. In schwierigen Fällen nehmen sie auch zwei Steine um die Beute dazwischen aufzubrechen.

Seeotter

Manchmal setzen sie ihre steinernen Hämmer auch ein, um an Felsen festgewachsene Muscheln loszubrechen. Und wenn im Meer eine Glasflasche treibt, wird auch die mitunter zur Unterlage für Hämmerversuche.
Überhaupt sind die Tiere äußerst erfinderisch, wenn es ums Fressen geht. Wissenschaftler haben beobachtet, dass die Tiere gezielt leere Getränkedosen vom Meeresgrund heraufholen und aufbeißen. Offenbar wissen sie, dass sich darin oft Tintenfische verstecken. Auch wenn es darum geht, ein paar Leckerbissen von Bord eines Segelboots zu stehlen, stellen sich Seeotter äußerst geschickt an. Und sie sorgen penibel dafür, dass einmal erbeutete Nahrung auch bestimmt in ihrem Magen landet. Wenn sie zum Beispiel mehrere Krebse gefangen haben, können sie natürlich nicht alle auf einmal fressen. Also fesseln sie die nicht sofort verspeisen Tiere mit Strängen von Seetang, damit diese nicht entkommen können. Ein solcher Sicherheitsgurt aus Wasserpflanzen ist aber auch in anderen Situationen nützlich. Wenn die Meeresmarder schlafen, wickeln sie sich den Tang um den eigenen Körper, um nicht abgetrieben zu werden. Auf alle diese Tricks muss man erst einmal kommen. Seeotter gelten nicht umsonst als besonders intelligente Tiere.

Küstenotter

BIOLOGISCHER STECKBRIEF

Wissenschaftlicher Name
Lontra felina

Familie
Marder (Mustelidae)

Heimat
Südamerika

Lebensraum
Meer

Größe
Ohne Schwanz bis 60 cm lang, bis 5 kg schwer

Nahrung
Fische, Muscheln, Schnecken, Krebse

Außer dem Seeotter hat sich nur noch eine weitere Otterart an das Leben im Meer angepasst. Der Küstenotter, der auch als Chilenischer Fischotter oder Chungungo bekannt ist, bleibt allerdings deutlich kleiner als sein weiter nördlich lebender Verwandter. Ohne Schwanz wird er gerade einmal 60 Zentimeter lang und wiegt zwischen drei und fünf Kilogramm – im Vergleich zum Seeotter geradezu ein Zwerg. Ursprünglich lebte der Chungungo vor den Küsten von Peru und Chile sowie im Süden Argentiniens. Doch auch diese Art wurde wegen ihres Pelzes vielerorts stark dezimiert. Insgesamt soll es nur noch etwa Tausend Tiere geben, der größte Bestand schwimmt heutzutage vor der chilenischen Insel Chiloé.

Wie die Seeotter haben auch die Küstenotter eine Vorliebe für Seetangwälder. Dort tauchen sie bis in Tiefen von 100 Meter hinab, um Fische, Schnecken und

Küstenotter

Muscheln oder Krebse zu erbeuten. Anders als ihre großen Verwandten scheinen sie dabei allerdings keine Werkzeuge einzusetzen. Trotzdem muss der Nachwuchs auch bei den Küstenottern eine Menge lernen, bevor er auf eigenen Füßen stehen kann. Deshalb bleiben die meist als Zwillinge geborenen Tiere zehn Monate lang bei ihrer Mutter. Die kümmert sich intensiv um die kleinen, kutschiert sie auf ihrem Bauch durch die Gegend und bringt ihnen bei, wie man im Algenwald vor der südamerikanischen Küste satt wird.

Marder und Menschen

So richtig ungetrübt war das Verhältnis zwischen Menschen und Mardern wohl nie. Und in manchen Fällen ist es das bis heute noch nicht. Zwar haben einige Arten wie der Fischotter inzwischen ein durchaus positives Image, mit ihren Kulleraugen und ihrer verspielten Art gelten sie bei vielen Menschen als „süß". Vielfraße und Stinktiere dagegen werden es wohl auch in Zukunft nicht zu Sympathieträgern bringen. Und selbst der durchaus possierliche Steinmarder hat sich unter den Mitteleuropäern nicht nur Freunde gemacht. Denn er lebt gern in der Nähe des Menschen und leistet sich dabei einige durchaus lästige

Automarder

Verhaltensweisen. Als nächtlicher Poltergeist auf dem Dachboden bringt er so manchen Wohnungsbesitzer um Schlaf und Nerven. Vor allem aber hat er die unangenehme Eigenschaft, sich an Autos zu vergreifen.

Automarder

Wenn der Fahrer morgens schon zum wiederholten Mal vergeblich am Zündschlüssel dreht, mag er ja noch an eine leere Batterie oder einen anderen technischen Defekt glauben. Doch dann bekommt er in der Werkstatt seine Zündkabel präsentiert, in deren Plastikisolierung sich ganz deutlich die Spuren kleiner Zähne abzeichnen. „Marderschaden" lautet die nüchterne Diagnose.

Ende der 1970er-Jahre wurden in Winterthur in der Schweiz zum ersten Mal solche Fälle von tierischem Autovandalismus bekannt. Inzwischen aber ist dieses Verhalten überall in Europa bei Steinmardern längst zum Trend geworden. Der Motorraum von Fahrzeugen scheint die Tiere geradezu magisch anzuziehen. In Stuttgart beispielsweise haben Wissenschaftler in einem Drittel aller im Freien geparkten Wagen Spuren der vierbeinigen Besucher gefunden. Mal verrieten sich diese durch Pfotenabdrücke oder Haare, mal hatten sie alte Brötchen, Eier oder tote Mäuse unter die Kühlerhaube geschleppt. Und immer wieder fanden sich zerbissene Kabel und zerfleddertes Dämmmaterial – sehr zum Ärger der Autobesitzer. Eine besondere Vorliebe für bestimmte Automarken scheinen die Tiere dabei nicht zu haben. Ein großer Motorraum mit vielen Kabeln scheint für sie allerdings spannender zu sein, als das Innenleben

Marder und Menschen

eines Kleinwagens. Je nach Fabrikat konzentrieren sie ihr Zerstörungswerk zudem auf bestimmte Teile. Bei einigen Marken sind die Zündkabel besonders gefährdet, bei anderen die Kühlschläuche oder die Achsmanschetten. Dämmmaterial ist generell beliebt.

Lange herrschte großes Rätselraten darüber, was die Automarder eigentlich zu ihren Attacken treibt. Inzwischen haben Biologen gleich mehrere Erklärungen für dieses Verhalten gefunden. In einigen Fällen haben wohl die äußerst lebhaften Jungtiere einfach ihren Spieltrieb ausgelebt. Häufiger treibt aber die

Automarder

pure Neugier die Tiere zum Biss ins Kabel. Ein vorsichtiges oder auch etwas beherzteres Knabbern an interessanten Gegenständen gehört schließlich zu den typischen Verhaltensweisen, mit denen die Marder ihre Umgebung erkunden. Besonders verhängnisvoll für das Autoinnenleben aber kann es werden, wenn das Fahrzeug zwischen die Fronten rivalisierender Männchen gerät. Hat ein solcher Rüde einen Motorraum in Besitz genommen, dokumentiert er seine Ansprüche mit einer Geruchsbotschaft: Er markiert das Fahrzeug mit Urin. Das Problem entsteht, wenn der Fahrer sein so gekennzeichnetes Auto im Revier

Marder und Menschen

eines anderen Männchens abstellt. Wenn dieses in den Motorraum klettert und den Rivalen wittert, fühlt es sich oft provoziert. Mitunter steigert es sich dann in einen regelrechten Wutanfall hinein, den es hemmungslos an den Fahrzeugteilen auslässt. Die meisten dieser Schäden treten im Frühjahr auf, wenn die Revierstreitigkeiten auf dem Höhepunkt sind.

Was aber kann man tun, um sein Auto vor den vierbeinigen Vandalen zu schützen? Experten empfehlen, zunächst den Motorraum auszuwaschen, um die Duftspuren der Tiere zu beseitigen. Gefährdete Kabel kann man mit einer speziellen Ummantelung schützen. Zudem sind verschiedene Ultraschallgeräte und Mardersprays auf dem Markt, an deren Wirksamkeit Fachleute allerdings erhebliche Zweifel haben. Dagegen scheint ein elektronisches Abwehrsystem recht gut zu funktionieren. Und manche Autofahrer schwören auch auf im Motorraum befestigte Toilettenduftsteine oder ein Stück Maschendraht, das unter das Auto gelegt wird. Eine Garantie, die lästigen Raubtiere endgültig losgeworden zu sein, gibt es aber nie.

Jagdgefährten

Doch auch Marderarten, die sich nie an Fahrzeugen vergreifen, haben sich unbeliebt gemacht. Oft liegt das daran, dass sie Fische, Wild oder Haustiere erbeuten, die man ihnen nicht so recht gönnt. Andererseits hat das Jagdgeschick der talentierten Räuber die Menschen schon immer fasziniert. Könnte man sich diese Fähigkeiten nicht irgendwie zunutze machen? Auf diese

Jagdgefährten

Idee müssen Menschen schon vor mehreren Tausend Jahren gekommen sein. Jedenfalls waren schon in der Antike zahme Marder bekannt, die für die Jagd gezüchtet wurden.

Diese sogenannten Frettchen, die es in verschiedenen Farben gibt, stammen vermutlich vom Europäischen Iltis ab. Heutzutage werden sie vor allem als Haustiere gehalten. Jahrhundertelang aber waren sie vor allem beliebte Gehilfen bei der Kaninchenjagd. Mit einem Maulkorb und einer Glocke um den Hals setzte man sie am Eingang eines Kaninchenbaus ab. Sie krochen dann in die unterirdische Behausung und trieben die von dem Geruch ihres Feindes in Panik versetzten Tiere heraus. Der Jäger brauchte die Kaninchen dann nur noch abzuschießen oder mit einem Netz einzufangen.

Marder und Menschen

Staatsfeinde

Doch nicht nur die Jagdkünste speziell gezüchteter Marder haben Menschen für ihre eigenen Zwecke zu nutzen versucht. In Neuseeland zum Beispiel erkannten die europäischen Siedler Ende des 19. Jahrhunderts, dass sie wohl einen Fehler gemacht hatten. In der Hoffnung auf mehr jagdbare Beute hatten sie auf den Inseln auf der anderen Seite der Welt Kaninchen und Hasen eingeführt. Vor allem die Bestände der Kaninchen aber gerieten mangels natürlicher Feinde außer Kontrolle und entwickelten sich zu einer regelrechten Plage. Farmer fürchteten um ihre Ernten und verlangten Gegenmaßnahmen. Also ließ die Regierung zur Kaninchenbekämpfung Frettchen, Hermeline und Mauswiesel aussetzen. Tatsächlich gediehen die kleinen Marder prächtig und verbreiteten sich nach und nach über beide Hauptinseln Neuseelands.

Staatsfeinde

Prompt aber tauchten neue Probleme auf. Denn die Tiere beschränkten sich nicht wie geplant auf Kaninchen als Beute, sondern räumten vor allem unter den einzigartigen Vögeln Neuseelands kräftig auf. Die gefiederten Inselbewohner hatten sich nämlich in einer Welt entwickelt, in der es so gut wie keine Säugetiere gab. Da sie keine flinken Jäger auf vier Pfoten fürchten mussten, reduzierten viele Arten ihre Flügel zu winzigen Stummeln. Warum schließlich Energie für den Flug verschwenden, wenn man auch auf der Erde sicher war? Jahrmillionenlang ging dieses Kalkül auf und Neuseelands Vögel eilten auf kräftigen Beinen unbehelligt über den Boden. Bis dann vermutlich vor etwa 1000 Jahren die ersten Menschen die Inseln erreichten. Seither haben zunächst die aus Polynesien stammenden Maori und später die Europäer ein Heer von Säugetieren eingeführt – mit gefährlichen Folgen für die Vögel, die den zahllosen Ratten, Hunden und Katzen kaum entkommen konnten.

Als besonders fatal aber erwies sich die Ansiedlung der drei Marderarten. Mit großem Appetit verschlangen die cleveren Räuber Eier, Jungtiere und erwachsene Vögel und brachten so etliche Arten an den Rand des Aussterbens. Inzwischen versuchen Naturschützer mit großem Aufwand, die gefährlichen

Marder und Menschen

Räuber mit Fallen und Giftködern zu bekämpfen und mit Zäunen von besonders wertvollen Brutgebieten fernzuhalten. Doch sämtliche Marder auf den beiden großen Hauptinseln Neuseelands wieder loszuwerden, ist wohl aussichtslos. Vor allem die Hermeline sind noch immer die wichtigste Todesursache für den Nachwuchs der bedrohten Kiwis. Schon wenige Marder in einem Gebiet können dafür sorgen, dass kaum einer dieser Nationalvögel Neuseelands erwachsen wird. Daher gilt das Hermelin unter den Naturschützern des Landes immer noch als Staatsfeind Nummer eins.

Register

Ailuropoda melanoleuca	56
Ailurus fulgens	144
Amblonyx cinereus	236
Amerikanischer Nerz	204
Amerikanischer Schwarzbär	30
Andenbär	50
Aonyx capensis	232
Asiatischer Schwarzbär	36
Bassaricyon alleni	122
– *beddardi*	122
– *gabbii*	122
– *lasius*	122
– *pauli*	122
Bassariscus astutus	128
– *sumichrasti*	128
Baummarder	168
Bergnasenbär	142
Braunbär	24
Brillenbär	50
Chilenischer Fischotter	244
Chungungo	244
Cimolestes	11
Dachs, Europäischer	211
Edelmarder	172
Eisbär	18
Enhydra lutris	238
Eurasischer Fischotter	224
Europäischer Dachs	211
Europäischer Iltis	196
Europäischer Nerz	192
Fingerotter	233
Fischotter, Chilenischer	244
Fischotter, Eurasischer	224
Frettchen	251
Grizzly	24
Großer Panda	56
Gulo gulo	178
Helarctos malayanus	42
Hermelin	183
Höhlenbär	5
Honigdachs	216
Iltis, Europäischer	196
Kapotter	232
Katzenfrett	128
Kermodebär	32
Kleiner Panda	144
Kleinkrallenotter	233
Krabbenwaschbär	132
Kragenbär	36
Küstenotter	244
Lippenbär	46
Lontra felina	244
Lutra lutra	224
Makibär	122
Malaienbär	42
Martes foina	162
– *martes*	168
– *zibellina*	174
Mauswiesel	188
Meles meles	211

Register

Mellivora capensis	216
Melursus ursinus	46
Miaciden	11
Mink	204
Mustela erminea	183
– *lutreola*	192
– *nigripes*	200
– *nivalis*	188
– *putorius*	196
Nasenbär	138
Nasenbär, Nelson-	141
Nasenbär, Südamerikanischer	141
Nasenbär, Weißrüssel-	141
Nasua narica	138
– *nasua*	138
– *nelsoni*	138
Nasuella olivacea	142
Nelson-Nasenbär	141
Neovison vison	204
Nerz, Amerikanischer	204
Nerz, Europäischer	192
Panda, Großer	56
Panda, Kleiner	144
Panda, Roter	144
Polarbär	18
Potos flavus	124
Procyon cancrivorus	132
– *lotor*	132
Pteronura brasiliensis	228
Riesenotter	228
Roter Panda	144
Schlankbär	122
Schwarzbär, Amerikanischer	30
Schwarzbär, Asiatischer	36
Schwarzfußiltis	200
Seeotter	238
Silberdachs	220
Simocyon batalleri	146
Steinmarder	162
Südamerikanischer Nasenbär	141
Taxidea taxus	220
Tigeriltis	208
Tremarctos ornatus	50
Ursus americanus	30
– *arctos*	24
– *maritimus*	18
– *thibetanus*	36
Vielfraß	178
Vormela peregusna	208
Waschbär	132
Weißrüssel-Nasenbär	141
Wickelbär	124
Zobel	174
Zwergotter	236